Serge Zakharian
Patricia Ladewig-Riebler
Stefan Thoer

# Neuronale Netze für Ingenieure

Serge Zakharian
Patricia Ladewig-Riebler
Stefan Thoer

# Neuronale Netze für Ingenieure

## Arbeits- und Übungsbuch für regelungstechnische Anwendungen

Die deutsche Bibliothek – CIP-Einheitsaufnahme

**Zakharian, Serge:**
Neuronale Netze für Ingenieure: Arbeits- und Übungsbuch für regelungstechnische Anwendungen / Serge Zakharian; Patricia Ladewig-Riebler; Stefan Thoer. – Braunschweig; Wiesbaden: Vieweg, 1998
(Vieweg Ausbildung und Studium)

ISBN 978-3-528-05578-3 ISBN 978-3-663-07675-9 (eBook)
DOI 10.1007/978-3-663-07675-9


Ursprünglich erschienen bei Friedr. Vieweg & Sohn Verlagsgesellschaft 1998.

http://www.vieweg.de

Höchste inhaltliche und technische Qualität unserer Produkte ist unser Ziel. Bei der Produktion und Auslieferung unserer Bücher wollen wir die Umwelt schonen: Dieses Buch ist auf säurefreiem und chlorfrei gebleichtem Papier gedruckt. Die Einschweißfolie besteht aus Polyäthylen und damit aus organischen Grundstoffen, die weder bei der Herstellung noch bei der Verbrennung Schadstoffe freisetzen.

# Vorwort

Immer mehr Probleme der Industrie, Wirtschaft und des täglichen Lebens können mit Hilfe von künstlichen neuronalen Netzen gelöst werden. Sie stellen deshalb nicht länger eine Domäne der Informatikspezialisten dar.

Jedoch gibt es zwischen diesem Gebiet und den Fächern der Ingenieurstudienrichtungen eine Diskrepanz.

Unser Bestreben ist es, die neuronalen Netze durch die Begriffe der Regelungstechnik, ein Pflichtfach für Studenten der Elektrotechnik, Maschinenbau, Verfahrenstechnik, einheitlich und strukturiert zu beschreiben und dabei mit möglichst geringen mathematischen Voraussetzungen auszukommen.

Das Buch wendet sich an Studenten der praktisch orientierten Studiengänge an Fachhochschulen sowie an die in der Praxis tätigen Ingenieure.

Im Vordergrund stehen keine komfortablen Neuro-Tools wie DataEngine oder Neuromodel, aber auch keine detaillierten Analogien zum menschlichen Gehirn. Es werden sowohl Grundlagen als auch die Vielzahl der Netztypen mit ihren spezifischen Eigenschaften behandelt und an Hand der zahlreichen Beispiele anschaulich erklärt. Mit den vorliegenden Algorithmen kann man selbst Programme schreiben, experimentieren und schrittweise alle Variablen und Netzteile Stück für Stück verfolgen. Diese Kenntnisse sollen später einen Zugang zu einem komplexen Anwendungsprogramm erleichtern.

Das Buch gliedert sich in sechs Abschnitte. Im 1. Abschnitt wird der funktionale Aufbau und die Funktionsweise eines einfachen künstlichen Neurons beschrieben. Für einen leichteren Zugang zu den einzelnen Netzen befaßt sich der 2. Abschnitt mit der Einteilung von neuronalen Netzen nach technischen Kriterien. Auf einen kurzen historischen Rückblick konnten wir in diesem Abschnitt nicht verzichten, um damit eine Übersicht über die fast dramatische Entwicklung dieses Gebietes zu vermitteln.

Mit zunehmendem Schwierigkeitsgrad sind im 3. Abschnitt verschiedene Netztypen beschrieben. Im Mittelpunkt des 4. Abschnitts stehen die ingenieurtechnischen Interpretationen der neuronalen Netze, die für die Anwendung der Netztheorien in der Regelungstechnik wichtig sind.

Das Buch wurde speziell für das Selbststudium konzipiert und ist als Begleitbuch zu den vorhandenen Literaturquellen gedacht. Zur Vertiefung der Thematik sind viele bekannte Netzbeschreibungen in Form von Übungsaufgaben im Abschnitt 5 aufgeführt. Die entsprechende Liste der Literaturquellen mit vollständigen Informationen ist im 6. Abschnitt zusammengefaßt.

Inhaltlich entspricht das Buch einer einsemestrigen Einführung in die Anwendung der neuronalen Netze in der Automatisierungstechnik, die an der FH Wiesbaden im Rahmen eines Wahlfaches angeboten wird. Es ist außerdem mit neuen, teilweise noch nicht veröffentlichten Entwicklungsergebnissen ergänzt, wie Neuronale Netze mit Antineuronen oder der Entwurf eines Neurons mit regelungstechnischen Grundelementen.

Unser Dank gilt allen, die einen Beitrag zum Zustandekommen dieses Buches geleistet haben. Dem Verlag danken wir für die gute Zusammenarbeit.

Rüsselsheim, im Februar 1998

*Serge Zakharian*

*Patricia Ladewig-Riebler*

*Stefan Thoer*

# Inhaltsverzeichnis

# 1. Aufbau eines künstlichen Neurons

## 1.1 Grundmodell eines Neurons

Das erste künstliche Neuron war ein logisches Schwellenwertelement mit mehreren Eingängen und einem Ausgang, daß nur zwei Zustände annehmen konnte. Die Vielzahl der darauffolgenden Neuronenmodelle stützten sich im wesentlichen auf dieses Grundmodell.

Bevor auf die Beschreibung der elementaren Bausteine des künstlichen Neurons eingegangen wird, zunächst ein Blick auf das biologische Vorbild.

Eine biologische Nervenzelle (das Neuron - griechisch „der Nerv") besteht aus (Bild 1.1):

- dem eigentlichen Zellkörper (Soma)
- kurzen Leitungen (Dendriten), über die die Reize in die Nervenzellen gelangen können
- dem Axon, durch das die Zellaktivität an andere Zellen weitergeleitet wird
- den Kontaktstellen zwischen dem Axon und den Dendriten (Synapsen), die die elektrochemischen Impulse verstärken oder hemmen

**Bild 1.1:** Prinzipskizze eines künstlichen Neurons

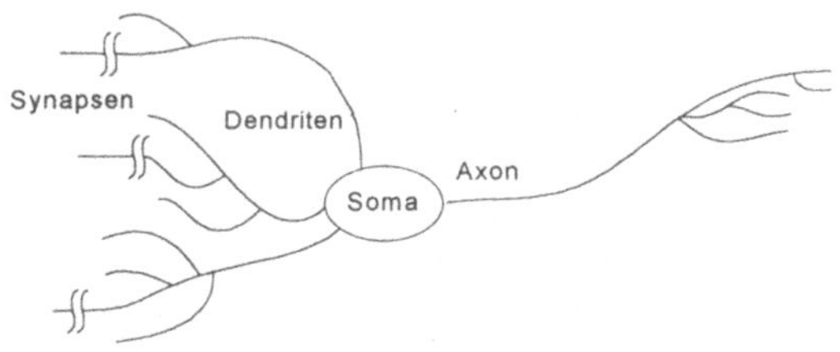

Der eigentliche Zellkörper ist durch die Aktivierungsfunktion gekennzeichnet. Diese legt fest, wie die eingehenden Reize über die Dendriten zu einem Gegenreiz zusammengefaßt werden und welcher Aktivierungszustand zum Zeitpunkt (t) in einen Aktivierungszustand zum Zeitpunkt (t+1) überführt wird.

Wenn die Summe der elektrischen Eingangssignale einen bestimmten Wert (Schwellenwert, ca. 70 mV) um ca. 10 mV überschreitet, wird das Neuron aktiv.
Es sendet dann eine Serie von kurzen elektrischen Nadelimpulsen mit einer Geschwindigkeit von 50 bis 60 Impulse/sec, über das Axon an die anderen nachgeschalteten Neuronen (Bild 1.2). Man sagt auch, das Neuron „feuert".

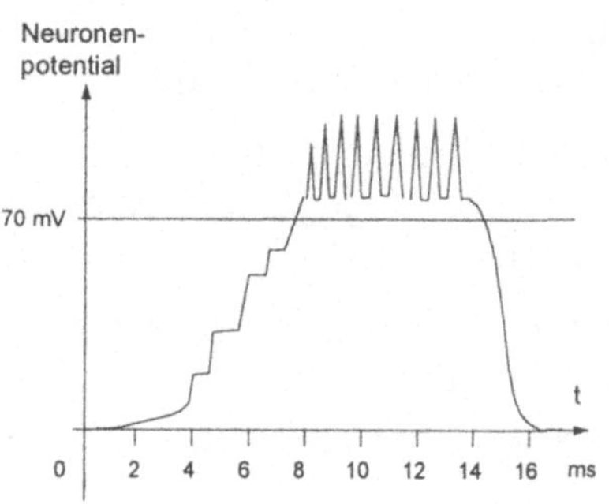


**Bild 1.2:** Zeitverhalten eines biologischen Neurons

Durch Ausgleichsvorgänge geht das Neuron anschließend in seinen Ruhestand zurück. Den Entladungen folgt eine totale Unempfindlichkeit des Neurons. Einer Laufzeitpause von etwa 0,5 ms folgt eine Aufbauphase von 4-5 ms, nach der das Neuron wieder für den Eingangsreiz empfindlich wird.

Das erste künstliche Neuron war lediglich ein Element, das nur zwei Zustände (0, 1) oder (-1,+1) annehmen konnte.

In einem biologischen Neuron, werden die Eingangssignale, bevor sie das Soma erreichen, verstärkt oder gehemmt.

Um diese Vorgänge in einem künstlichen Neuron zu simulieren, multipliziert man die Eingangswerte mit positiven oder negativen Faktoren (Gewichten). Diese „gewichteten" Eingangssignale werden aufsummiert und mit einem vorgegebenen Schwellenwert verglichen. Wird dieser Schwellenwert überschritten, nimmt der Ausgang des Neurons den Wert +1 an, anderenfalls wird der Ausgang gleich -1 gesetzt. Damit setzt das künstliche Neuron die Eingangswerte in Ausgangswert um (Bild 1.3).

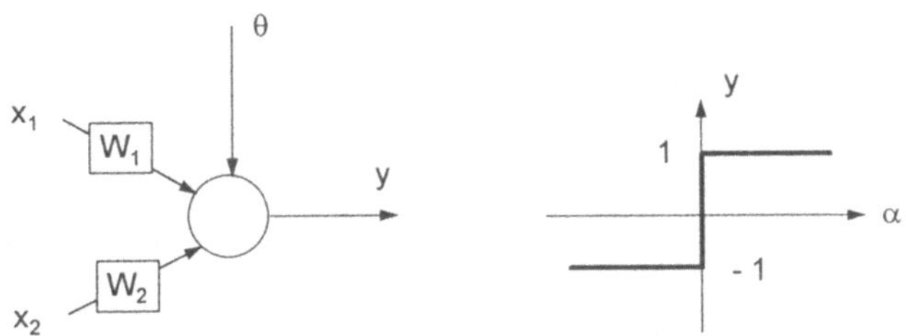


**Bild 1.3:** Das erste künstliche Neuron mit binärer Aktivierungsfunktion

Die Berechnung des Ausgangssignals geschieht in zwei Schritten.

Im ersten Schritt wird der Aktivierungswert $\alpha(x_i)$ berechnet. Jeder Eingang wird mit einem bestimmten Gewichtsfaktor $W_i$ multipliziert. Aus allen anliegenden Eingangswerten $x_i$ wird dann eine gewichtete Summe $\alpha$ (Aktivierungswert) berechnet:

$$\alpha = W_1 \cdot x_1 + W_2 \cdot x_2 - \theta ,$$

wobei $\theta$ der gegebene Schwellenwert ist.

Im zweiten Schritt wird schließlich der Ausgangswert y mit Hilfe der Aktivierungsfunktion $f(\alpha)$ berechnet: $y = f(\alpha)$.

Als Aktivierungsfunktion $f(\alpha)$ kommen eine Reihe mathematischer Funktionen in Frage. Ursprünglich wurde eine binäre Aktivierungsfunktion angewendet ( Bild 1.3):

$$y = \text{sign}\ \alpha$$

$$y = +1, \quad \text{wenn} \quad \alpha \geq 0$$

$$y = -1, \quad \text{wenn} \quad \alpha < 0$$

Jede Kombination von Eingangswerten kann durch bestimmte Kriterien ausgewertet werden. Ein Kriterium kann z.B. sein, ob sich der Eingangspunkt oberhalb oder unterhalb einer Grenzgerade befindet (Bild 1.4). Das Neuron soll „lernen“, die Musterklassen der Eingänge richtig zu „erkennen“.

Der Sollwert des Neuronenausgangs für Eingangswerte aus der Klasse A ist d = +1 und für Klasse B d = -1.

**Bild 1.4:** Die Einteilung der Eingangsmuster in zwei Klassen

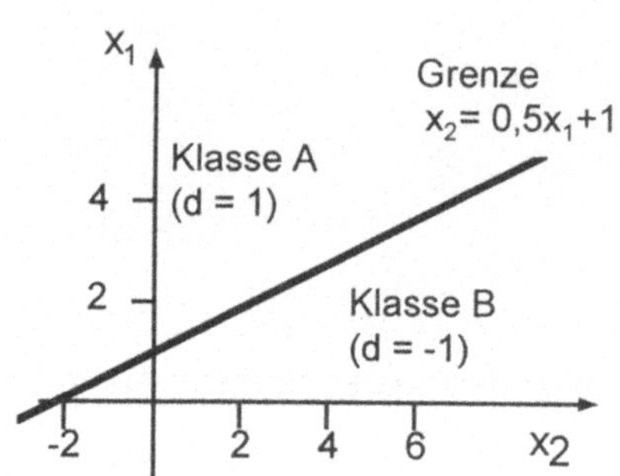


Das „Lernen" des Neurons erfolgt über das Ändern der Gewichte $W_1$ und $W_2$.

Die Grenze zwischen den Musterklassen ist eine Gerade mit der Gleichung $x_2 = a \cdot x_1 + b$, z.B. für das Bild 1.4 ist a = 0,5 und b = 1.

Außerdem wird diese Grenze durch das Neuron mit der Gleichung $\alpha = 0$ gebildet, d.h. $\alpha = W_1\ x_1 + W_2\ x_2 - \theta = 0$, woraus folgt:

$$x_2 = -\frac{W_1}{W_2} x_1 + \frac{\theta}{W_2}$$

Aus dem Koeffizientenvergleich folgt:

$$\frac{\theta}{W_2} = b \qquad -\frac{W_1}{W_2} = a$$

Die Grenze im Bild 1.4 entspricht bei $\theta = 2$ den folgenden Gewichten des Neurons:

$$W_2 = \frac{\theta}{b} = \frac{2}{1} = 2$$

$$W_1 = -a \cdot W_2 = -0{,}5 \cdot 2 = -1$$

Mit diesen Gewichten werden die Eingangsmuster korrekt erkannt, d.h. es entsteht für die Musterklasse A die Aktivierung $\alpha > 0$ und damit nach der binären Aktivierungsfunktion y =+1. Entsprechend wird für die Klasse B $\alpha < 0$ und damit y = -1.

Da die Gewichte nicht vorgegeben sind, werden sie im Laufe des Lernvorgangs solange geändert, bis die Grenzgerade korrekt abgebildet wird. Als Fehlermaß gilt dabei die Differenz zwischen dem Ist-Ausgang y und dem Soll-Ausgang d, die für jede Eingangskombination aufsummiert werden.

## 1.2 Grundbegriffe der KNN

Künstliche Neuronale Netze (KNN) beruhen auf Prinzipien, die gemäß heutiger Auffassung, mit tierischen und menschlichen Nervensystemen verwandt sind.

Das Gehirn des Menschen besteht aus 10 Billionen Neuronen. Ein Neuron hat 20 bis 200 Tausend Eingänge. Das gesamte Nervensystem besteht aus ca. 25 Milliarden Nervenzellen. Mit $10^{10}$ Prozessoren und einer Taktfrequenz von ca. 1 KHz vollbringt es erstaunliche Leistungen.

Um die logischen Funktionen des Gehirns zu modellieren, werden die künstlichen Neuronen zu einem Netz verbunden.

Analog dem Nervensystem unterscheidet man die folgenden drei Typen von Neuronen:

- Afferente Neuronen, die die Verbindung mit der Außenwelt verwirklichen. Diese Neuronen reagieren nicht auf synaptische Verbindungen, sondern auf äußere Informationen (Eingangsneuronen).
- Innere (verdeckte) Neuronen, die von den Eingangsneuronen beeinflußt werden.
- Efferente Neuronen, die eine Einwirkung auf die Außenwelt verwirklichen, deren Synapsen zu Muskelzellen führen und diese zur Kontraktion veranlassen (Ausgangsneuronen).

Ein Beispiel für ein KNN, das nach diesem Prinzip funktioniert, ist im Bild 1.5 gezeigt. Es handelt sich dabei um ein Mehrschicht Perzeptron, das im Abschnitt 3.4 beschrieben wird.

**Bild 1.5:** Ein KNN mit Eingangs-, Ausgangs- und verdeckten Neuronen

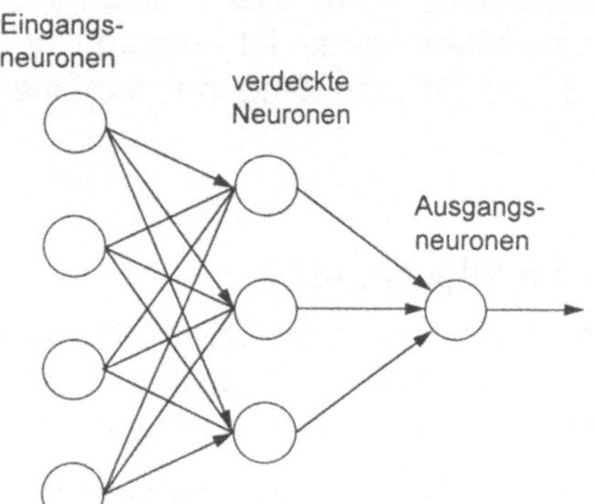


Ein neuronales Netz kann man als ein Informationsverarbeitungssystem verstehen, das sich aus einer Vielzahl untereinander verbundener einfacher Rechenelemente zusammensetzt.

Ein Netz mit künstlichen Neuronen hat folgende Merkmale:

- Aktivierungsfunktion des Neurons (Eingang-Ausgang-Kennlinie)
- Algorithmus der Gewichtsänderung (Lernmechanismus)
- Lage der Neuronen (Struktur)
- Energie des Netzes (eine Funktion von Aktivitäten und Gewichte)

## 1.3 Das Lernen als Gewichtsänderung

Die Lernfähigkeit eines Netzes besteht darin, die eigenen Gewichte so einzustellen, daß der Fehler zwischen Ist- und Sollwert des Netzausgangs für eine bestimmte Klasse der Eingänge möglichst minimal wird.

Die Lernregeln lassen sich in zwei Kategorien einteilen:

- überwachtes Lernen
- unüberwachtes Lernen

Beim unüberwachten Lernen teilt das KNN selbst die ihm gegebenen Eingangsdaten in verschiedene Klassen (Cluster) ein.

Im Fall des überwachten Lernens werden dem KNN zusätzlich die vorsortierten Eingangswerte (Muster) gegeben, von denen bekannt ist, daß sie zu einer bestimmten Klasse gehören.

Durch einen Soll-Ist-Wert-Vergleich wird ein Fehlermaß bestimmt. Es wird beim Lernen dazu benutzt, die Zuordnung der Eingangsdaten zu einer bestimmten Musterklasse zu erlernen.

**Beispiel:** Das überwachte Lernen

Im vorliegenden Beispiel ist die Aktivierungsfunktion $f(\alpha)$ als eine binäre Schwellenwertfunktion nach Bild 1.3 und die Einteilung der Eingangsmuster nach Bild 1.4 gegeben. Das Fehlermaß $E_i=\eta\cdot(d_i-y_i)$ wird durch den Vergleich des produzierten Ausgangs $y_i$ mit dem eigentlich erwarteten Ausgang des KNN $d_i$ berechnet.

Die Iterationsschrittweite (Lernschrittweite) $\eta$ bestimmt die Konvergenzgeschwindigkeit. Normalerweise gilt: $0< \eta <1$.

Lernalgorithmus des überwachten Lernens:

1) Gewichte $W_1$ und $W_2$ als Zufallszahlen initialisieren

2) Eingangswerte $x_1$ und $x_2$ einlesen

3) gewünschten Ausgang d eingeben:

$d = +1$ für die Klasse A,

$d = -1$ für die Klasse B.

4) Aktivierungswert $\alpha = W_1\cdot x_1 + W_2\cdot x_2 - \theta$ berechnen

5) Netzausgang y nach der Funktion $f(\alpha)$ berechnen:

$y = +1$ wenn $\alpha \geq 0$

$y = -1$ wenn $\alpha < 0$

6) Fehlermaß (Erkennungsmerkmale) berechnen:

$$E = \eta\cdot(d - y)$$

7) Gewichte ändern:

$$W_1(t+1) = W_1(t) + \eta\cdot(d - y)\cdot x_1(t)$$

$$W_2(t+1) = W_2(t) + \eta \cdot (d - y) \cdot x_2(t)$$

8) Punkte 2) bis 7) des Algorithmus solange wiederholen, bis der Fehler für alle Eingänge minimal wird.

Meist wird das Fehlermaß jedoch nicht schrittweise, d.h. nach jedem Eingangspaar berechnet, sondern über alle Eingangs-Ausgangs-Paare aufsummiert. Dabei wird das Fehlermaß E als die Summe der Fehler $E_j$ für jedes Muster j und jedes Neuron i über alle Eingangsmuster M definiert:

$$E(W_j) = \sum_{j=1}^{M} E_j = \sum_{j=1}^{M} \sum_{i=1}^{n} (d_i - y_i)^2 ,$$

wobei M die Zahl der Eingangsmuster und n die Zahl der Ausgangsneuronen sind.

Das Ziel des Lernvorganges ist es nun, den Gesamtfehler E durch eine Veränderung der Gewichte $W_j$ zu minimieren. Dabei sagt man, daß das KNN die Assoziation zwischen den Eingabe- und Ausgabemustern „lernt".

## 1.4 Optimierungs- und Suchverfahren

Der Lernvorgang ist als Minimierungsproblem definiert. Da das Fehlermaß E eine Funktion der unabhängigen Variablen (die Gewichte $W_1$ und $W_2$ für das oben betrachtete Beispiel) darstellt, können für das Lernen alle bisher bekannten Verfahren der Minimierung verwendet werden, z.B. [37].

Die einfachste Methode einer solchen Minimumsuche ist das Gradientenabstiegsverfahren.

Das Verfahren besteht darin, daß die minimierende Funktion sich in kleinen Schritten, der Richtung der lokalen Gradienten folgend, dem Minimum nähert.

Für eine Funktion E einer Variablen W besteht der Gradientenabstieg in einer schrittweisen Änderung dieser Variablen:

$$W_{k+1} = W_k - \eta_k \cdot \left(\frac{\partial E}{\partial W}\right)_k$$

wobei $\eta_k$ die Schrittweite der Iterationen festlegt.

**Beispiel:** Minimierung einer Funktion $E = a \cdot W^2$

Der Gradientenabstieg für die Funktion $E = a \cdot W^2$ berechnet sich nach folgender Formel:

$$(\text{grad}E)_k = \left(\frac{\partial E}{\partial W}\right)_k = 2a \cdot W_k$$

Die Gewichte werden damit geändert:

$$W_{k+1} = W_k - \eta_k \cdot \left(\frac{\partial E}{\partial W}\right)_k = W_k - \eta_k \cdot 2a \cdot W_k$$

Die Geschwindigkeit und die Konvergierbarkeit des Minimierungsverfahrens ist von der Schrittweite $\eta_k$ abhängig.

Für das Beispiel $E = a \cdot W^2$ wird die Wirkung der Schrittweite für folgende drei Werte gezeigt:

$$\eta_k = \frac{1}{a}; \qquad \eta_k > \frac{1}{a} \quad \text{und} \quad \eta_k < \frac{1}{a}$$

Es wird angenommen:

Fall 1: $\eta_k = 1 \cdot \frac{1}{a}$; Fall 2: $\eta_k = 1{,}1 \cdot \frac{1}{a}$; Fall 3: $\eta_k = 0{,}9 \cdot \frac{1}{a}$

Daraus folgen die Gewichtsänderungen für Fall 1, 2 und 3:

Fall 1: $W_{k+1} = \left(1 - 2a \cdot \frac{1}{a}\right) \cdot W_k = -W_k$

Fall 2: $W_{k+1} = \left(1 - 2a \cdot \frac{1{,}1}{a}\right) \cdot W_k = -1{,}2 \cdot W_k$

Fall 3: $W_{k+1} = \left(1 - 2a \cdot \frac{0{,}9}{a}\right) \cdot W_k = -0{,}8 \cdot W_k$

Das Fehlermaß E und die Gewichte sind in der Tabelle 1.1 aufgeführt. Man erkennt daraus, daß das iterative Suchverfahren nur für den Fall 3 konvergiert (Bild 1.6).

**Tabelle 1.1:** Die Wirkung der Schrittweite auf die Konvergenz der Optimierung

| $W_{k+1}$ | Fall 1 | Fall 2 | Fall 3 |
|---|---|---|---|
| $W_1$ | $-W_0$ | $-1{,}2W_0$ | $-0{,}8W_0$ |
| $W_2$ | $-W_1 = W_0$ | $-1{,}2W_1 = 1{,}44W_0$ | $-0{,}8W_1 = 0{,}64W_0$ |
| $W_3$ | $-W_2 = W_0$ | $-1{,}2W_2 = -1{,}73W_0$ | $-0{,}8W_2 = -0{,}51W_0$ |
| $W_4$ | $-W_3 = W_0$ | $-1{,}2W_3 = 2{,}08W_0$ | $-0{,}8W_3 = 0{,}41W_0$ |

**Bild 1.6:** Minimierungsverfahren nach Tabelle 1.1

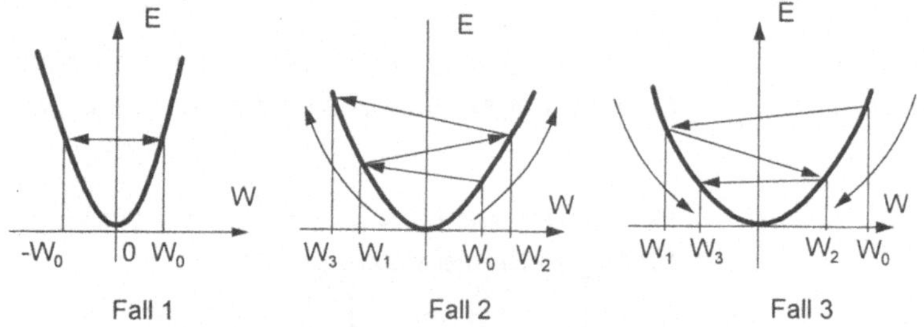


Besitzt das Neuron zwei Eingänge, wird das Fehlermaß bei der Erkennung von zwei Gewichten abhängig.

Das Gradientenabstiegsverfahren für eine Funktion von zwei Variablen $E = f(W_1, W_2)$ zeigt Bild 1.7.

**Bild 1.7:** Gradientenabstiegsverfahren für eine Funktion zweier Variablen

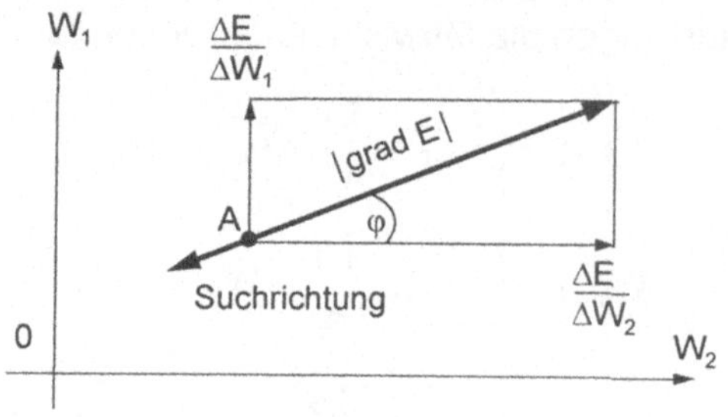

Den Betrag |gradE| und den Winkel φ im Punkt A berechnet man nach der Formel:

$$|\mathrm{gradE}| = \sqrt{\left(\frac{\partial E}{\partial W_1}\right)_A^2 + \left(\frac{\partial E}{\partial W_2}\right)_A^2} \qquad \mathrm{tg}\varphi = \frac{\left(\frac{\partial E}{\partial W_1}\right)_A}{\left(\frac{\partial E}{\partial W_2}\right)_A}$$

**Beispiel:**
Funktion zweier Variablen

Das folgende Beispiel (Bild 1.8) zeigt, wie man die partiellen Ableitungen und den Gradient graphisch ermitteln kann.

**Bild 1.8:**
Beispiel: Gradienten-abstiegs-verfahren

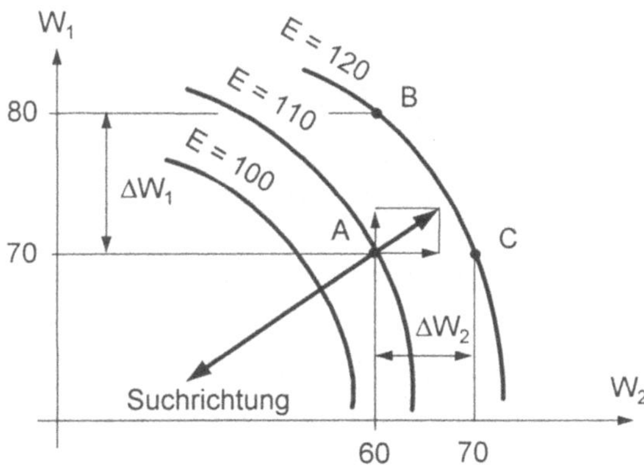


Die Suchrichtung entsteht als Vektor mit 2 Komponenten:

$$\left(\frac{\partial E}{\partial W_2}\right)_A = \frac{E_c - E_A}{\Delta W_2} = \frac{120-110}{70-60} = 1$$

$$\left(\frac{\partial E}{\partial W_1}\right)_A = \frac{E_B - E_A}{\Delta W_1} = \frac{120-110}{80-70} = 1$$

Ein Nachteil dieser Methode liegt darin, daß dieses Verfahren in ein lokales anstatt in das globale Minimum führen kann (Bild 1.9). Um dieses auszuschließen, wiederholt man das Suchverfahren von anderen Anfangspunkten aus.

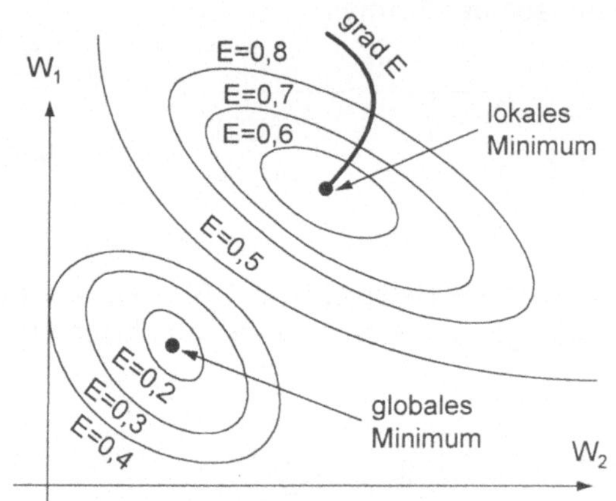


**Bild 1.9:** Lokale und globale Minimumstellen

Ein anderes Verfahren der Minimumsuche ist das Koordinatenabstiegsverfahren (Bild 1.10). Es ist nicht so schnell, wie das Gradientenabstiegsverfahren, dafür ist es über einen einfacheren Algorithmus zu bestimmen.

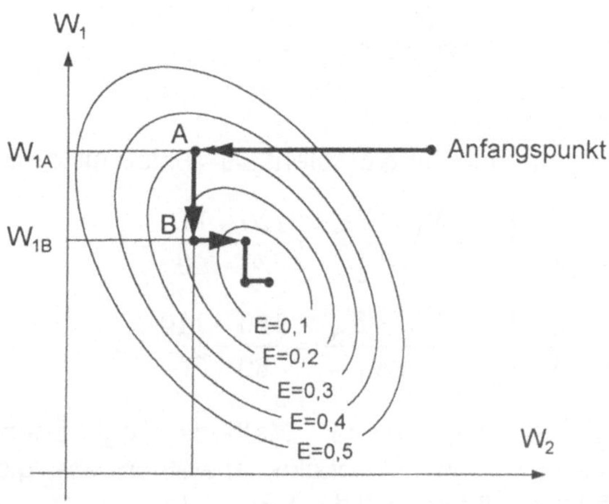


**Bild 1.10:** Koordinatenabstiegsverfahren

Gemäß diesem Algorithmus wird eine Variable, z.B. $W_1$, solange konstant gehalten, bis die andere Variable $W_2$ ein Minimum (Punkt A im Bild 1.10) erreicht hat. Danach werden die Rollen der beiden Variablen getauscht. Die Variable $W_1$ wird geändert, indem die Variable $W_2$ auf der zuerst gefundenen Minimumstelle A konstant gehalten wird.

## 1.5 Realisierung eines künstlichen Neurons

Die gerätetechnische Realisierung eines künstlichen Neurons soll folgende Operationen ermöglichen:

- Berechnung der gewichteten Summe der Eingänge (Aktivierungswert):

$$\alpha = \sum_{i=1}^{n} W_{ji} \cdot x_i - \theta_i$$

- Realisierung der Aktivierungsfunktion des Neurons und damit die Bildung des Neuronenausgangs:

$$y = f(\alpha)$$

- Eingabe des gewünschten Ausgangs (des Sollwertes) d
- Realisierung des Lernalgorithmus bzw. die Berechnung der Gewichtsänderung:

$$W_{ji(neu)} = W_{ji(alt)} + \Delta W$$

- Speichern der Gewichte $W_{ji(neu)}$
- Möglichkeit, einzelne Neuronen in einem Netz zu verbinden

Nach der Art der benutzten Elemente gibt es drei Wege zur Realisierung eines Neurons:

- analog
- digital
- hybrid

Ein analoges Neuron wird als ein Operationsverstärker (siehe Bild 1.11 nach [20, S.59]) oder eine Schaltung aus mehreren Transistoren realisiert.

**Bild 1.11:** Operationsverstärker als lineares Neuron [20, S.59] nach Hopfield-Netz

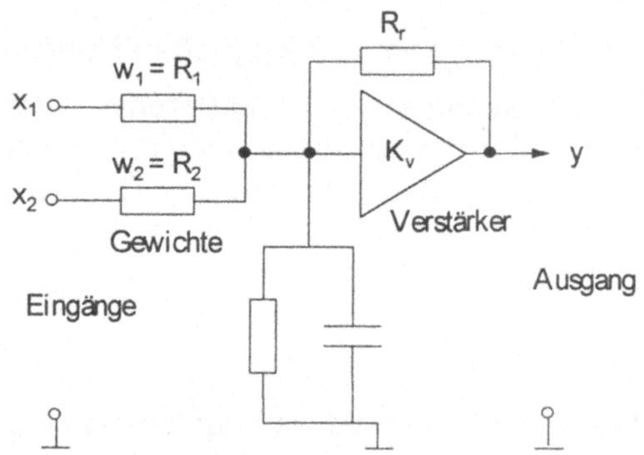


Das digitale Modell kann mit folgenden Mitteln umgesetzt werden:

- konventioneller PC mit einem Prozessor
- CPU mit speziellem Neuro-Coprozessor
- Mehrprozessorsysteme
- Mikroprozessor-Chip

Ein Beispiel des digitalen Neurons nach [18, S.606] ist im Bild 1.12 gezeigt.

**Bild 1.12:** Ein digitales Neuron [18]: ANNA-Chip (Analog Neural Network Arithmetic and Logic Unit)

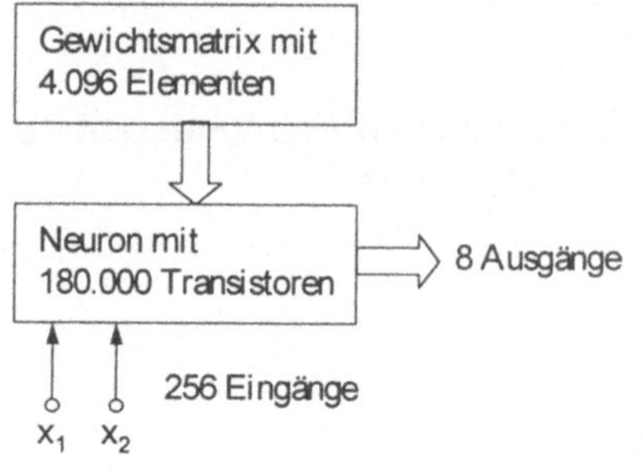


Unter den hybriden Modellen versteht man eine Kombination aus analogen Neuronen mit digitalen Lernalgorithmen, z.B. die Realisierung des Einzelschicht Perzeptrons nach [33, S.27-53] (Bild 1.13).

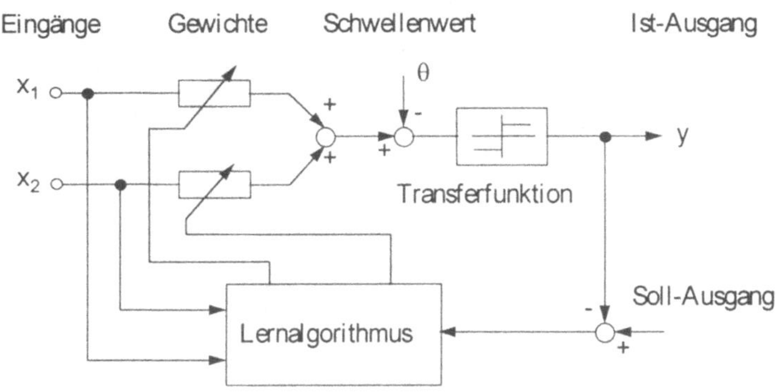


**Bild 1.13:** Eine hybride Schaltung des Einzelschicht Pertzeptrons nach [33, S.30]

## 1.6 Das Lernen als Mitkopplung

Für technische Anwendungen von KNN braucht man die periodischen Entladungen des Neurons (Spikes) nicht zu berücksichtigen. Will man jedoch diese Eigenschaften des biologischen Neurons mit regelungstechnischen Elementen simulieren, kommt man zu einer Mitkopplung von P-$T_1$- und $T_t$- Elementen (Bild 1.14) [45, S.79 oder 26, S.163].

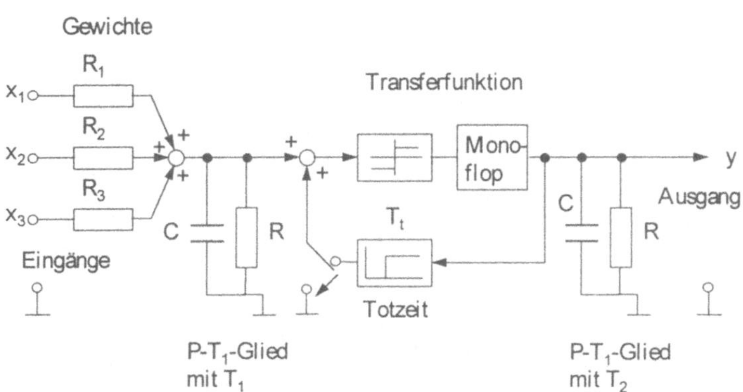


**Bild 1.14:** Das Modell eines biologischen Neurons mit Verzögerung

Für das Lernverfahren eines Neurons werden meist digitale Modelle verwendet. Die analoge Realisierung findet man selten, da die Berechnung und die Speicherung der Gewichte aufwendig ist.

Um die analoge Realisierung zu erleichtern, ist das Lernverfahren des Neurons (Abschnitt 1.3) als Mitkopplung dargestellt (Bild 1.15).

**Bild 1.15:** Strukturierte Darstellung eines Lernverfahrens

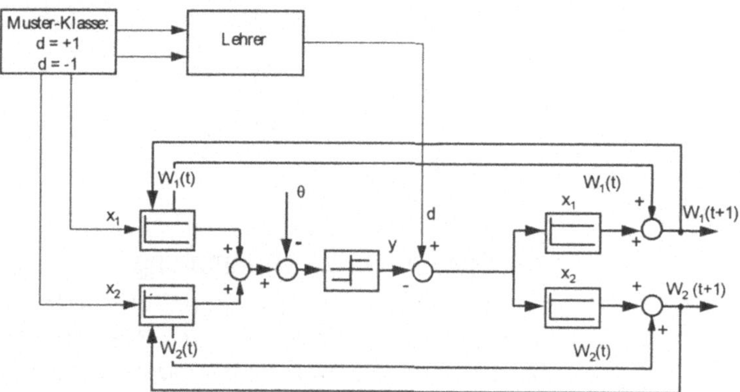


Mit Hilfe dieses Wirkungsplans wird das Lernverfahren in einen Regelkreis mit einem Zweipunkt-Element und Mitkopplung umgesetzt (Bild 1.16). Der Regelkreis entspricht hierbei einem Neuron mit zwei Eingängen, die als P- und P-T1-Glieder mit Proportionalbeiwerten $x_1 = x_3$ (1. Neuron) und $x_2 = x_4$ (2. Neuron) strukturiert sind. Die Lernschrittweite $\eta$ ist ebenfalls durch ein P-Glied abgebildet. Am Eingang des Zweipunktgliedes wirken die Aktivität $\alpha$ und der Schwellenwert $\theta$ des Neurons, die den Wert des binären Ausgangs bestimmen.

Der Ein- und Ausgang des P-Gliedes q, dessen Proportionalbeiwert als 1 gesetzt wird, sind entsprechend die Gewichte $W_{i(alt)}$ und $W_{i(neu)}$ vor und nach der Gewichtsänderung gemäß der Lernregel

$$W_{i(neu)} = W_{i(alt)} + \eta \cdot x_i \cdot (d - \alpha) .$$

Das Lernen wird damit in diesem Wirkungsplan durch das Führungsverhalten eines Regelkreises mit dem Eingangssprung der Führungsgröße d von der Höhe d =+1 oder d = -1 abgebildet. Im biologischen Sinne kann man die Führungsgröße als Dendriteneingang interpretieren, der die periodischen Ausgangssignale $\alpha$ (Spikes) hervorruft.

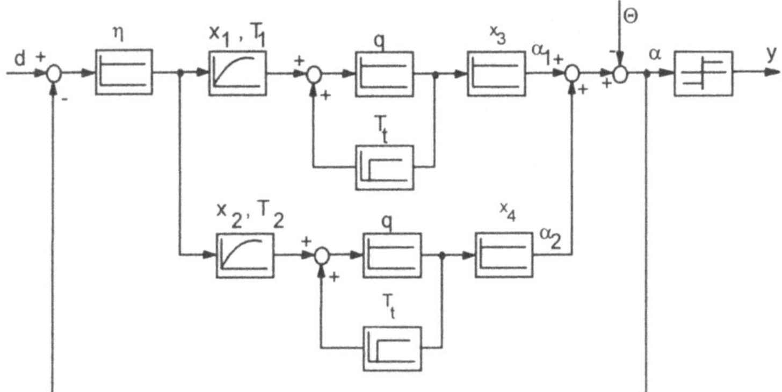


**Bild 1.16:** Das Lernen eines Neurons mit 2 Eingängen (x1, x2) und 2 Ausgängen: periodisches Signal $\alpha$ und Kernwert y

Für die oben angegebene Bedingung $x_1 = x_3$ und $x_2 = x_4$ ergibt sich die Übertragungsfunktion des im Bild 1.16 gezeigten Neurons als:

$$G_0(s) = \eta \cdot \left( \frac{x_1}{1+sT_1} \cdot \frac{q}{1-q \cdot e^{-sT_t}} \cdot x_1 + \frac{x_2}{1+sT_2} \cdot \frac{q}{1-q \cdot e^{-sT_t}} \cdot x_2 \right)$$

Im Beharrungszustand erhält das Neuron folgende Gewichte:

$$W_{1(neu)}(\infty) = \frac{x_1^2}{x_1^2 + x_2^2} \cdot d \quad \text{und} \quad W_{2(neu)}(\infty) = \frac{x_2^2}{x_1^2 + x_2^2} \cdot d \, .$$

Da dieses Neuron ausschließlich aus regelungstechnischen Grundelementen besteht, wird es als RT-Neuron bezeichnet.

Die periodischen gedämpften Schwingungen des Kreises, die einem einzelnen Lernschritt entsprechen, sind im Bild 1.17 gezeigt. Im Fall a) ändert sich der Kernwert des Neurons von 0 auf +1, im Fall b) folgt der Ausgang y dem

Soll-Ausgang d = -1. In beiden Fällen konvergiert die Sprungantwort zu den gewünschten Werten. Unter anderen Kreiseinstellungen kann es zu instabilen Verhalten kommen.

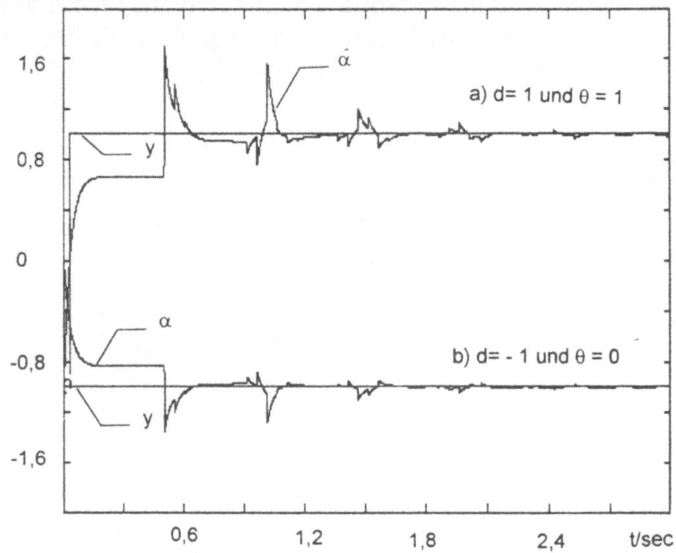


**Bild 1.17:** Antwort des RT-Neurons auf verschiedene Kombinationen von Sollwert d und Schwellenwert θ

Zwischen den Realisierungen des Neurons nach den Bildern 1.14 und 1.16 ist ein grundliegender Unterschied zu erkennen. Obwohl die Sprungantworten der beiden Modelle die periodischen Impulse sind, ist mit dem RT-Neuron das Lernverfahren (Gewichtsänderung) simuliert, während das Neuron nach [45] das Zeitverhalten für bestimmte konstante Gewichte simuliert.

Die gesamte Gewichtsänderung des RT-Neurons geschieht durch Zusammenstellung von einzelnen Lernschritten für verschiedene Neuronenzustände. Auf diese spezielle analoge Realisierung des RT-Neurons soll hier jedoch nicht näher eingegangen werden. Es werden nun die Merkmale der digitalen KNN sozusagen unter der Lupe genommen.

# 2. Einteilung von künstlichen Neuronalen Netzen

## 2.1 Netzfunktionen und Anwendungen

In bezug auf Funktion gibt es folgende KNN:

- Klassifikatoren, z.B. Perzeptron, Adaline, Cognitron (Abschnitte 3.2 - 3.5)
- Optimisatoren, z.B. Hopfield-Netz, Hamming-Netz (Abschnitte 3.10, 3.11)
- Assoziative Speicher, z.B. Kosko's BAM, IAC (Abschnitte 3.15, 3.16)

Ursprünglich wurden KNN für folgende Aufgaben entwickelt:

- Approximierung von Funktionen, z.B. Perzeption (3.3)
- Bild- und Spracherkennung, z.B. Kohonen-Netz (3.12)
- Klassifizierung von Mustern, z.B. Cooper's RCE (3.14)
- Prognose , z.B. Perzeptron (Abschnitt 3.3)
- Komprimiertes Speichern, z.B. RAM (Abschnitt 2.3.7)
- Rauschenunterdrückung, z.B. Adaline (Abschnitt 3.4)

Ein Neuron wird durch folgende Parameter beschrieben:

- Eingänge $x_i$
- Gewichte $W_i$
- Schwellenwert $\theta$
- Ausgang $y = f(\alpha)$
- Aktivierungswert $\alpha$ (gewichtete Summe der Eingänge)
- Aktivierungsfunktion (statische Kennlinie)

In bezug auf Schwellenwerte gibt es KNN:

- mit variablem oder mit konstantem Schwellenwert
- mit „anregendem“ ($\theta > 0$) oder „hemmendem“ ($\theta < 0$) Schwellenwert

Bezogen auf die Neuronenzahl gibt es folgende KNN:

- mit konstanter Neuronenzahl (wie bei den meisten KNN)
- mit steigender Neuronenzahl, z.B. Carpenter/Grossberg-Netz, Cooper's RCE (Abschnitte 3.13, 3.14).

Die in einem Netz verbundenen Neuronen funktionieren taktweise, synchron oder asynchron. Deswegen kann man die KNN als digitale Abtastsysteme oder unter bestimmten Bedingungen als quasikontinuierliche Systeme betrachten.

Es gibt zwei Möglichkeiten, die Neuronenzustände zu simulieren:

- deterministische Verfahren
- stochastische Verfahren

Wie auch alle andere physikalische Systeme, kann man die KNN in statische und dynamische Netze einteilen. Bei dynamischen KNN werden die Verzögerungszeiten berücksichtigt („time-delay“ [42, 49]). In diesem Buch werden ausschließlich die statische KNN betrachtet.

Nach der Funktionsphase unterscheidet man zwischen einer Lern- und Arbeitsphase, jedoch gibt es KNN, bei denen gleichzeitig „gelernt“ und „gearbeitet“ wird, z.B. beim Carpenter/Grossberg-Netz (Abschnitt 3.13).

Nach ihrer Gewichtsänderung während dieser Phasen können KNN weiterhin unterschieden werden nach:

- zeitinvarianten (konstanten) Gewichten, z.B. Netze mit nichtiterativem Lernen (Abschnitt 2.3.7)
- variablen Gewichten in der Lernphase und konstanten Gewichten in der Arbeitsphase (entspricht den meisten KNN)
- variablen Gewichten in der Lern- und Arbeitsphase, z.B. beim Carpenter/Grossberg-Netz (Abschnitt 3.13).

Aus der Sicht der Signalübertragung kann man die KNN nach Art der Übertragung der Netzeingänge oder nach der Fehlerübertragung unterscheiden.

Die erste Gruppe leitet die Eingangssignale folgendermaßen weiter (Bild 2.1):

- vorwärts (feed-forward), z.B. Perzeptron (Abschnitt 3.3)
- iterativ (bidirectional) zwischen zwei Schichten, z.B. BAM (Abschnitt 3.15)
- rückgekoppelt, z.B. Hopfield-Netz (Abschnitt 3.10)
- in Gegenrichtung, z.B. Counterpropagation-Netz (3.8)
- in Querrichtung, z.B. das Netz mit Antineuronen (3.9)



**Bild 2.1:** Signalübetragung: a) vorwärts; b) in Gegenrichtung; c) und d) rückgekoppelt

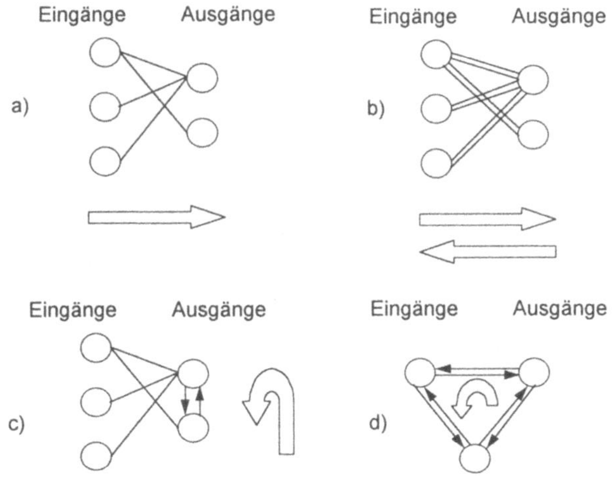

Aufgrund ihrer Fehlerübertragung ist die zweite Gruppe der KNN in folgende Gruppen unterteilt (Bild 2.2):

- Backpropagation (Abschnitte 2.3.2 und 3.7)
- Counterpropagation (Abschnitt 3.8)
- Querpropagation (Abschnitte 2.3.7 und 3.9)

Die Merkmale eines KNN sind:

- die Parameter der einzelnen Neuronen
- die Lernmechanismen der KNN
- die Netzstruktur bzw. die Lage der Neuronenschichten

**Bild 2.2:** Fehlerübertragung: a) Back-Propagation; b) Counter-Propagation; c) Quer-Propagation

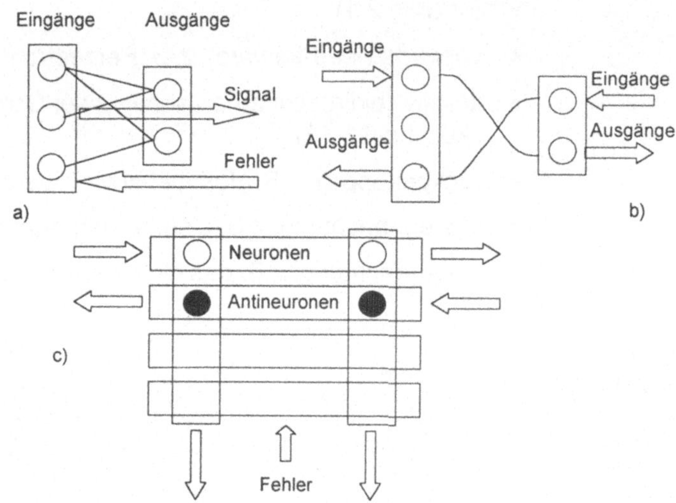


Für einige KNN-Typen ist noch ein weiteres Merkmal, die Energie des Netzes, nötig, z.B. für Netze mit Antineuronen oder Hopfield-Netze (Abschnitte 3.9, 3.10).

Im folgenden werden die KNN nach den einzelnen Merkmalen kurz erläutert.

## 2.2 Statische Kennlinien von Neuronen

Eine Aktivierungsfunktion f($\alpha$) beschreibt den statischen Zusammenhang zwischen den Ein- und Ausgängen eines Neurons.
Die Aktivierungsfunktionen lassen sich in folgenden Kategorien einteilen:

- linear
- nichtlinear
- stetig
- unstetig

Eine Zusammenfassung der verschiedenen Kennlinien ist unten in der Tabelle 2.1 aufgeführt. Es ist eine kurze Typbezeichnung vorgeschlagen (fett gedruckt), die in nachfolgenden Abschnitten dieses Buches weiter verwendet wird.

**Tabelle 2.1:** Statische Kennlinien von Neuronen (Einteilung)

| Kategorie, Typbezeichnung | Definition nach KNN (nach Regelungstechnik) | Statische Kennlinie (Aktivierungsfunktion $f(\alpha)$) graphische Darstellung | analytische Darstellung |
|---|---|---|---|
| Linear **L1** | Linear, stetig | 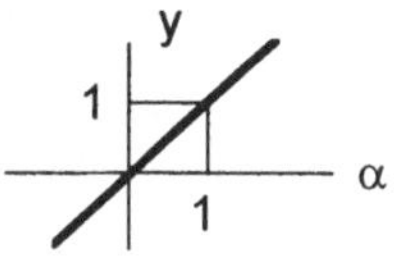 y, 1, 1, $\alpha$ | $y = k \cdot \alpha$ |
| Begrenzt-linear **L2** | Schwellenhaft (linear mit Begrenzung) | 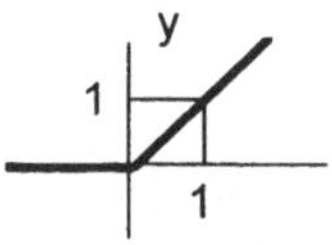 y, 1, 1 | $y = k \cdot \alpha$; $\alpha > 0$<br>$y = 0$; $\alpha \leq 0$ |
| **L3** | Schwellenhaft (linear mit Begrenzungen) | 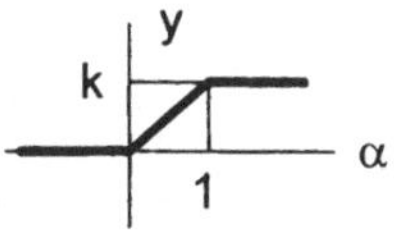 y, k, 1, $\alpha$ | $y = k$ $\alpha > 1$<br>$y = k\alpha$; $0 < \alpha < 1$<br>$y = 0$ $\alpha \leq 0$ |
| Nichtlinear, unstetig **Z1** | Sprunghaft [0, 1] (Zweipunkt) | 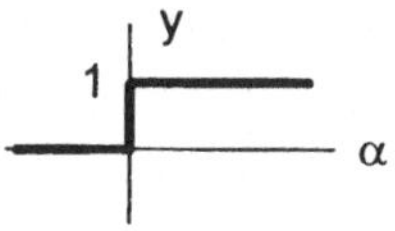 y, 1, $\alpha$ | $y = 1$ $\alpha > 0$<br>$y = 0$ $\alpha \leq 0$ |

Fortsetzung Tabelle 2.1

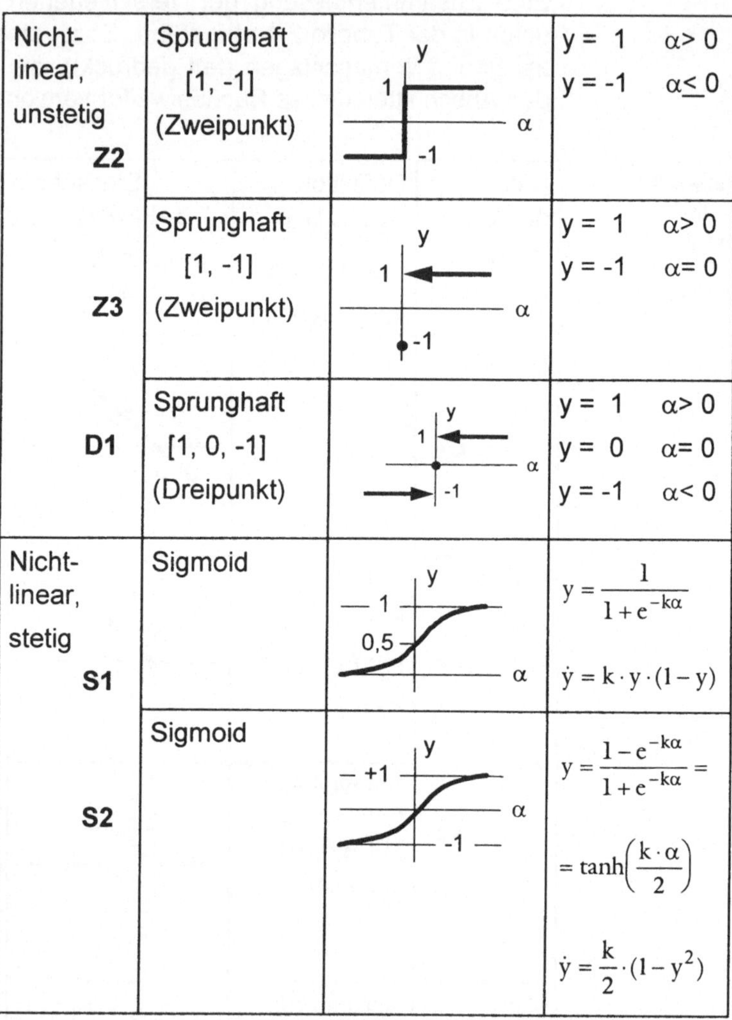

| | | | |
|---|---|---|---|
| Nicht-linear, unstetig **Z2** | Sprunghaft [1, -1] (Zweipunkt) | | y = 1 $\alpha > 0$<br>y = -1 $\alpha \leq 0$ |
| **Z3** | Sprunghaft [1, -1] (Zweipunkt) | | y = 1 $\alpha > 0$<br>y = -1 $\alpha = 0$ |
| **D1** | Sprunghaft [1, 0, -1] (Dreipunkt) | | y = 1 $\alpha > 0$<br>y = 0 $\alpha = 0$<br>y = -1 $\alpha < 0$ |
| Nicht-linear, stetig **S1** | Sigmoid | | $y = \frac{1}{1+e^{-k\alpha}}$<br>$\dot{y} = k \cdot y \cdot (1-y)$ |
| **S2** | Sigmoid | | $y = \frac{1-e^{-k\alpha}}{1+e^{-k\alpha}} =$<br>$= \tanh\left(\frac{k \cdot \alpha}{2}\right)$<br>$\dot{y} = \frac{k}{2} \cdot (1-y^2)$ |

Die Umschaltung der Ausgangsgröße erfolgt bei den Kennlinien L2, L3 und Z1, Z2 ohne Hysterese. Der Ein-/ Ausschaltungspunkt ist vom Schwellenwert $\theta$ abhängig. Für die differenzierbaren Vorgänge der KNN sind die sigmoide sowie L1-Kennlinien geeignet. Die Kennlinien Z3 und D1 realisieren Funktionen eines analog-digitalen Umsetzers.

## 2.3 Lernmechanismen

### 2.3.1 Einteilung

In bezug auf Lernparadigmen unterscheidet man die iterativen und nichtiterativen Verfahren (Bild 2.3). Weiterhin gibt es Algorithmen des überwachten und unüberwachten Lernens (Abschnitt 1.3).

In bezug auf Lernregeln ergeben sich folgende Algorithmen der Gewichtsänderung, die in diesem Kapitel kurz erläutert werden:

- Lernen durch Fehlerkorrektur, z.B. Perzeptron, Adaline/ Madaline [7, 8, 10, 18, 21, 27, 37, 39, 40, 49, 52, 55]
- Wahrscheinlichkeitslernen, z.B. Boltzmann-Regeln, Bayes'scher Klassifikator [1, 8, 18, 27, 37, 49, 52, 54]
- Konkurrenzlernen, z.B. IAC [7, 8, 26, 39, 49, 52]
- Lernen nach der Hebb'schen Regel [8, 21, 38, 49, 52]

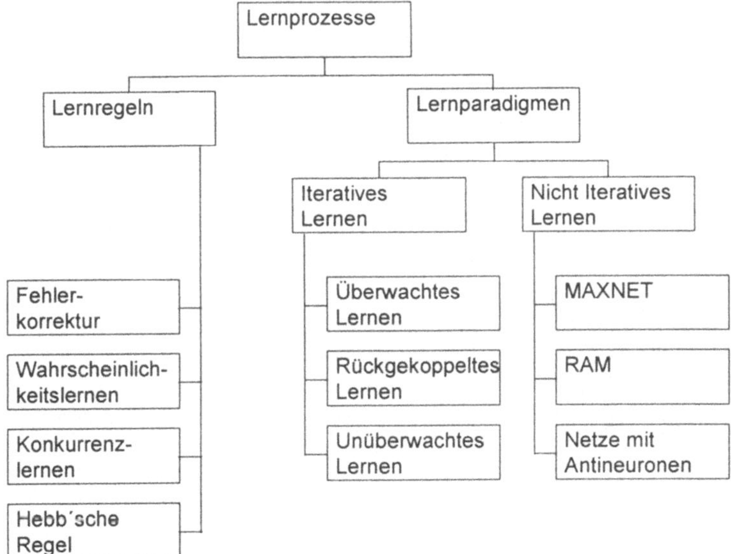


**Bild 2.3:** Die Einteilung von Lernprozessen der KNN.

### 2.3.2 Fehlerkorrektur

Die Einstellung der Gewichte, indem bestimmte Merkmale optimiert werden, ist als Lernverfahren bezeichnet. Ein typisches Merkmal ist der Fehler zwischen dem Ist-Wert y(k) und dem Sollwert d des Netzausgangs: E = d - y(k).

Nach der Korrektur der Gewichte $W_{i(k+1)} = W_{ik} + f(E)$ entsteht ein neuer Ausgang y(k+1). Das Verfahren wird solange wiederholt, bis der Fehler für alle Eingangskombinationen minimiert ist (Bild 2.4).

**Bild 2.4:** Das Lernen durch Korrigieren des Fehlers

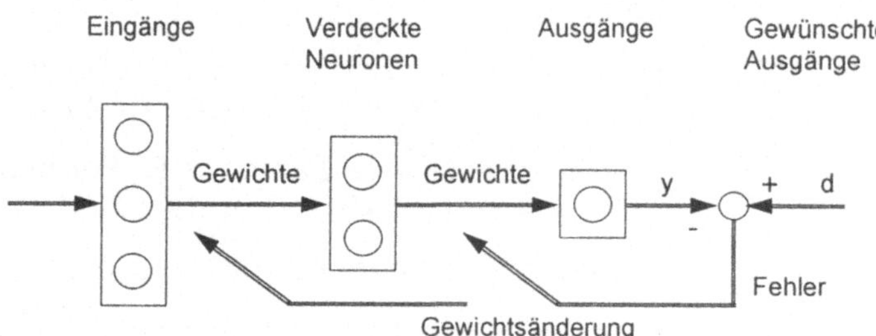


### 2.3.3 Rückgekoppeltes Lernen

Bei diesem Verfahren werden die Neuronen rückgekoppelt, so daß die Signale im Kreis solange geändert werden, bis ein stabiler Zustand erreicht ist, z.B. BAM (Bild 2.5).

**Bild 2.5**: Der Lernprozess nach den rückgekoppelten Strukturen von Kosko's BAM

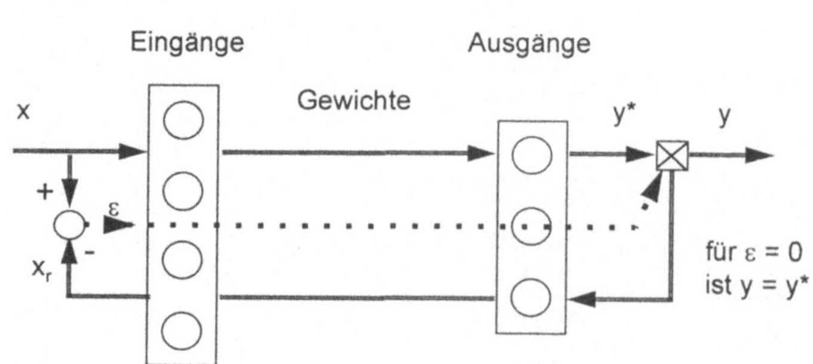

Der stabile Zustand soll dem gewünschten Eingangsvektor entsprechen, d.h. die Ausgänge Y* werden solange geändert, bis die Differenz zwischen dem Eingangsvektor X und der Rückführgröße $X_r$ gleich Null ist.

### 2.3.4 Wahrscheinlichkeitslernen

Das Wahrscheinlichkeitslernen entsteht in rückgekoppelten Netzen wie Hopfield-Netz, wenn dort noch verdeckte Neuronen eingeführt werden (Bild 2.6).

Die Neuronen verhalten sich wie physikalische Atome, deren Dynamik von der Energie E und der Temperatur T des Systems bestimmt werden.

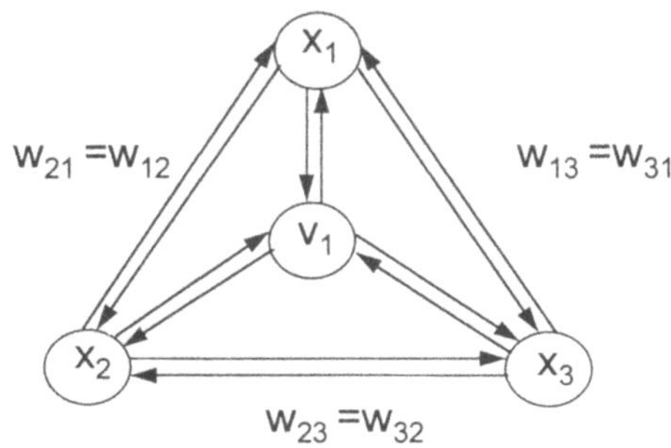


**Bild 2.6**: Wahrscheinlichkeitslernen in einem Hopfield-Netz mit einem verdeckten Neuron $v_1$

Die Aktivitäten der Neuronen kennen nur zwei Zustände: $x_i = +1$ und $x_i = -1$ wie im Hopfield-Netz oder $x_i = 0$ und $x_i = +1$ wie bei der Boltzmann-Maschine. Das Verhalten des Netzes wird analog zum Hopfield-Netz durch die Energie des Netzes

$$E = -\frac{1}{2}\sum_i \sum_j (W_{ji} \cdot x_j \cdot x_i)$$

bestimmt. Ändert sich die Energie um $\Delta E_i$, so kann das Neuron i von einem Zustand zu einem anderen Zustand übergehen:

$$W_i(+/-) = \frac{1}{1 + e^{-\frac{\Delta E_i}{T}}}$$

Die Wahrscheinlichkeit eines solchen Übergangs wird nach den Formeln der statistischen Thermodynamik berechnet. Dafür wird das Netzverhalten nicht nur von der Energie, sondern auch von einem Parameter T, der als Temperatur bezeichnet wird, abhängig gemacht.

Das Hopfield-Netz funktioniert nach Wahrscheinlichkeitsregeln in zwei Betriebsarten. In der ersten werden die Neuronen den Eingangsvektoren angepaßt (das Lernen). In der zweiten konvergiert das Netz zusammen mit den verdeckten Neuronen zu einem stabilen Zustand (das Erkennen).

Eine Lerndatei besteht aus den Neuronenzuständen $S_1$, $S_2$, ...$S_\alpha$, $S_r$ . Die Wahrscheinlichkeit, daß diese Zustände beim Lernen erreicht werden, ist mit dem „+“ Index gekennzeichnet. Für die Wahrscheinlichkeit des Erreichens dieser Zustände beim Erkennen dient der „-“ Index:

$$P^+(S_1),\ P^+(S_2),\ldots P^+(S_\alpha),\ldots P^+(S_r)$$

$$P^-(S_1),\ P^-(S_2),\ldots\ P^-(S_\alpha),\ldots P^-(S_r)$$

Nun wird der Abstand G zwischen diesen beiden Mengen und die daraus folgende Gewichtsänderung berechnet:

$$G = \sum_\alpha P^+(S_\alpha)\cdot \ln\frac{P^+(S_\alpha)}{P^-(S_\alpha)} \qquad \Delta W_{ij} = \eta\cdot(p^+{}_{ij} - p^-{}_{ij}),$$

wobei $p^+{}_{ij}$ und $p^-{}_{ij}$ die Mittelwerte der Wahrscheinlichkeiten sind, daß die Ausgänge den Wert +1 sowohl beim Lernen als auch beim Erkennen annehmen.

Es gibt folgende Modifikationen dieses Lernverfahrens:

- Metropolis-Algorithmus, genannt nach seinem Entwickler *N.Metropolis*, (1953)
- Simuliertes Ausglühen (Simulated Annealing), genannt nach der Analogie zum Einfrieren und Erhitzen von physikalischen Systemen
- Boltzmann-Maschine, genannt nach dem Konzept des österreichischen Physikers *Ludwig Boltzmann*

### 2.3.5 Konkurrenzlernen

Dieses Verfahren gehört zur Klasse des unüberwachten Lernens, bei dem das Netz keine Information über die gewünschten Zustände erhält.

Neuronen mit bestimmten Merkmalen werden unterstützt, d.h. ihre Gewichte werden schrittweise vergrößert. Andere Neuronen werden unterdrückt, d.h. ihre Gewichte werden verkleinert. So entstehen die „Gewinner"-Neuronen. Damit „organisiert" das Netz sich selbst.

Es gibt folgende Verfahren des Konkurrenzlernens:

1) Konkurrierendes (Competitive) Lernen (CMPL)
2) Konkurrierendes Lernen mit Aktivierung (Interactive Activation und Competition, IAC)
3) Kohonen-Regel
4) Grossberg-Regel (Adaptive Resonance Theorie, ART)

1) Konkurrierendes Lernen CMPL

Ein CMPL entsteht, wenn in einem Mehrschicht Perzeptron die verdeckten Neuronen oder die Ausgangsneuronen miteinander gekoppelt werden. Diese Rückkopplung besitzt negative Gewichte, während zwischen den Schichten die Gewichte ausschließlich positiv sind.

Ein Beispiel ist unten im Bild 2.7 für ein Zweischicht Perzeptron gezeigt.

**Bild 2.7:**
Das Konkurrenzlernen bei einem rückgekoppeltem Perzeptron

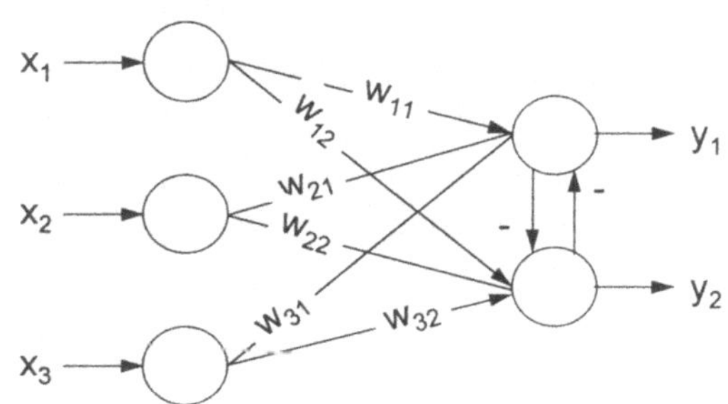

Die Summe der Gewichte $W_{ik}$ zu jedem Ausgangsneuron ist begrenzt:

$$\sum_i W_{ik} = 1$$

Die Lernregel besteht darin, daß das Gewicht des „Gewinner"- Ausgangsneurons nach folgender Formel geändert wird:

$$\Delta W_{ij} = \eta \cdot (x_i - W_{ij}),$$

wobei $\eta$ die Lernschrittweite ist. Für den Rest der Ausgangsneuronen findet keine Gewichtsänderung statt: $\Delta W_{ik} = 0$.

Die Gewichtsänderung wird durch den Faktor $C_{ik}$, der vom Eingangsmuster k abhängig ist, bestimmt. Für aktive Eingangsneuronen i ist der Faktor $C_{ik} = 1$, ansonsten ist $C_{ik} = 0$.

Damit wird die Zahl der aktiven Eingangsneuronen des Musters k durch folgende Summe bestimmt:

$$n_k = \sum_i C_{ik}$$

Die Gewichtsänderung des „Gewinner"-Ausgangsneurons wird nach folgender Formel zwischen den aktiven Eingängen verteilt:

$$\Delta W_{ij} = \eta \cdot \left( \frac{C_{ik}}{n_k} \cdot x_i - W_{ij} \right)$$

2) Konkurrierendes Lernen mit Aktivierung

Das Lernen nach IAC unterscheidet sich von CMPL-Verfahren dadurch, daß die Verbindungen zwischen den Schichten auch negative Gewichte besitzen dürfen.

Nach dem IAC besteht das Netz aus mehreren nacheinander verbundenen Schichten (Bild 2.8). In jeder Schicht befinden sich Cluster aus Neuronen. Die Gewichte zwischen den Schichten sind positiv, die Gewichte innerhalb jedes Clusters sind negativ, d.h. die Neuronen einer Schicht werden von den Neuronen der vorherigen Schicht aktiviert, jedoch von den Neuronen des eigenen Clusters unterdrückt.

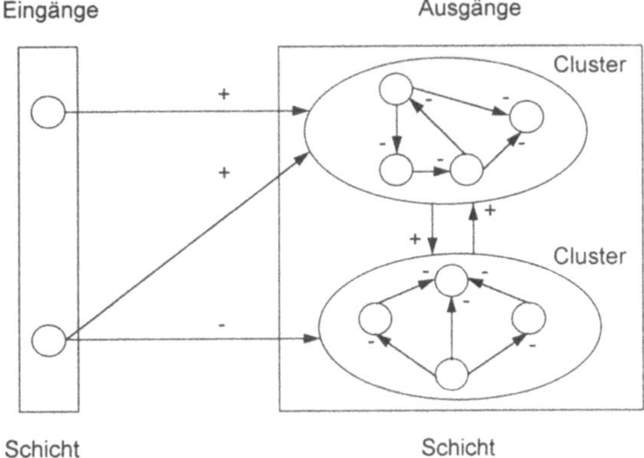


**Bild 2.8**: Das Lernen nach IAC

Die Gewichte zwischen den Clustern sind ebenfalls positiv. Das „Gewinner"-Neuron erhält den maximalen Wert, der Rest der Neuronen sinkt auf minimalere Werte. Die Gewichtsänderung erfolgt analog dem CMPL.

3) Kohonen-Lernregel

Nach der Kohonen-Regel wird das Neuron mit dem größten Ausgangswert unterstützt und zum „Gewinner" gemacht (Bild 2.9). Die Gewichte der Neuronen in der Umgebung des „Gewinners" werden vergrößert, die anderen - verkleinert, so daß die Umgebung immer enger wird und sich zum Schluß auf ein Neuron reduziert.

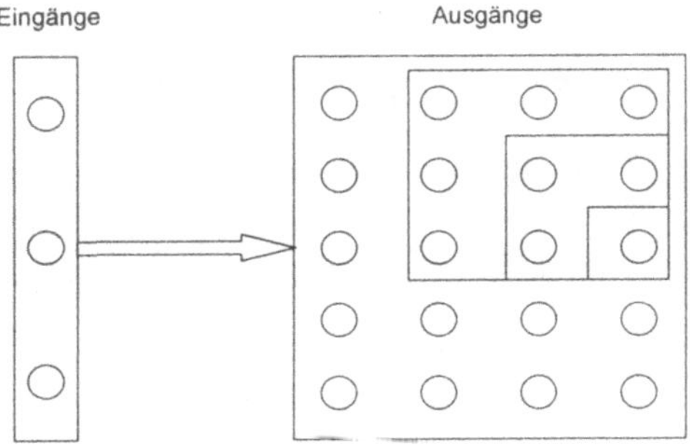


**Bild 2.9:** Das Lernen nach Kohonen-Regel

4) Grossberg-Regel

Das Lernen nach der ART (Bild 2.10) beginnt mit einer minimalen Anzahl von Ausgangsneuron, die der gegebenen Klasseneinteilung entsprechen.

**Bild 2.10:** Das Konkurrenzlernen nach Carpenter/ Grossberg

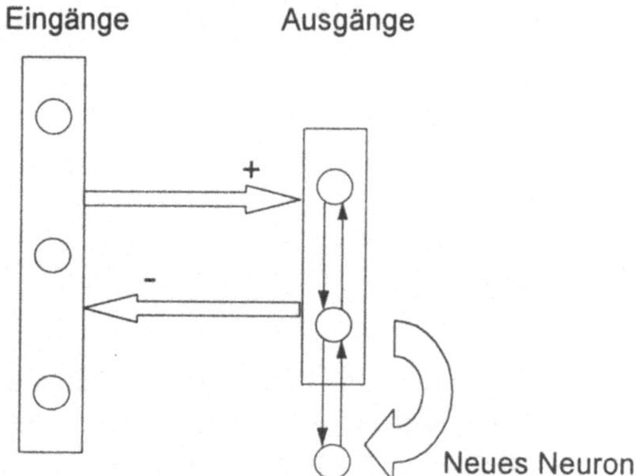


Bei jedem neuen Eingangsvektor wird entschieden, ob dieser Eingang zur existierenden Klasse gehört.

Diese Entscheidung ist von den Abständen zwischen den Ausgangsneuronen abhängig. Ist der neue Ausgangswert weiter als ein vordefinierter Abstand von den vorhandenen Ausgangsneuronen entfernt, so wird ein neues Ausgangsneuron mit entsprechenden Gewichten angelegt.

### 2.3.6 Hebb'sche Lernregel

Nach dem Hebb'schen Postulat wird das Gewicht $W_{ij}$ eines Neurons vergrößert, wenn der Eingang $x_i$ und der Ausgang $y_j$ des Neurons gleichzeitig aktiv sind:

$$\Delta W_{ij}(t) = \eta \cdot y_j(t) \cdot x_i(t),$$

wobei $\eta$ die Lernschrittweite ist.

Bei wiederholter Anwendung dieser Regel, steigt das Gewicht exponentiell. Um das zu vermeiden, wird diese Regel durch eine Ausgangsbegrenzung modifiziert:

$$\Delta W_{ij}(t) = \eta \cdot y_j(t) \cdot x_i(t) - \alpha \cdot y_j(t) \cdot W_{ij}(t),$$

wobei $\alpha$ ein positiver Faktor ist.

Wird dieser Faktor durch eine Konstante $C = \eta/\alpha$ ersetzt, so ergibt sich folgende Form der Hebb'schen Regel, die dem Konkurrenzslernen ähnlich ist:

$$\Delta W_{ij}(t) = \alpha \cdot y_j(t) \cdot [C \cdot x_i(t) - W_{ij}(t)]$$

### 2.3.7 Nichtiteratives Lernen

Beim nichtiterativen Lernen werden die Gewichte direkt ausgerechnet (überwachtes Lernen):

1) nach dem Funktionsziel des KNN, z.B. Comparator-Netz;
2) nach der Codierung der Eingänge, z.B. RAM;
3) nach der Fehlerkompensation der Gewichte, z.B. Querpropagation-Netz mit Antineuronen.

Die nichtiterativen Lernverfahren sind unten kurz erläutert.

1) Das Lernen des Comparator-Netzes besteht lediglich in einer Einstellung der Gewichte. Der Ausgang des Netzes wird dem Eingang mit den maximalen Wert zugeordnet.

2) Das Lernen nach RAM (Random Access Memory) besteht darin, daß das Netz den Lernsatz der Eingangsvektoren zusammen mit den gewünschten Ausgängen speichert.

Ein RAM-Element mit n Eingängen $x_1$, $x_2$, $x_n$ ist im Bild 2.11a gezeigt. Ein weiterer Eingang $x_{n+1}$ ist der Soll-Wert d des gewünschten Ausgangs $x_{n+1} = d$, der die Werte d =+1 oder d = 0 annehmen kann.

Damit besitzt ein RAM-Element einen Speicher von $2^n$ Bit und kann entsprechend $2^n$ Eingangsvektoren speichern.

Bei einer Eingangsmatrix von 3 x 3 Pixel werden beispielsweise $2^9$ = 512 verschiedenen Muster gespeichert und danach entsprechend erkannt.

Durch die Verbindung von RAM-Elementen (Bild 2.11b) ist ein Netz in der Lage seine Eingänge nach dem Lernen zu klassifizieren (generalisieren). Damit ist bei reduziertem Speicher weiterhin eine eindeutige Erkennung möglich.

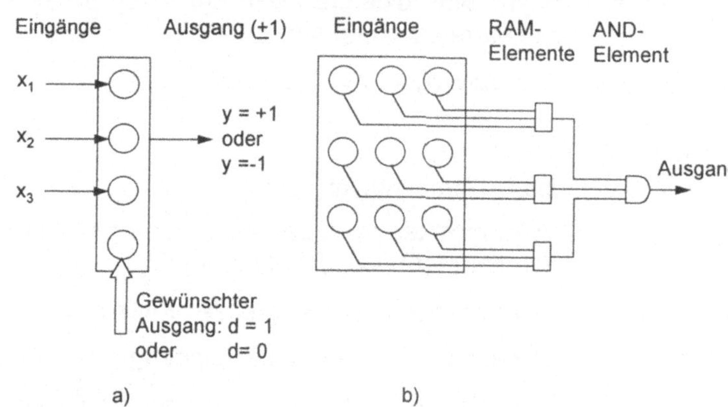


**Bild 2.11:** Nichtiteratives Lernen:
a) Ein RAM-Element
b) Ein Netz mit 3 RAM-Elementen

3) Das Lernen nach Quer-Propagation funktioniert mit zwei Arten von Gewichten, den vorgegebenen Soll-Gewichten und den Ist-Gewichten, die dem Ist-Zustand entsprechen.

Das Lernverfahren basiert auf folgenden Annahmen:

a) mindestens ein Zustand ist mit den gleichen Soll- und Ist-Gewichten gegeben

b) die Anzahl der geänderten Ist-Gewichte ist begrenzt

Die (N x M)-dimensionale Gewichtsmatrix W ist in (n x m)-Blöcke aufgeteilt. Im Anfangszustand sind die Soll-Matrix $W^k$ und die Ist-Matrix $W^{k+1}$ gleichgesetzt.

Die Änderungen der Ist-Matrix dürfen nach der Annahme b) in jedem Block nur einmal passieren. Durch das im Bild 2.12 gezeigte Zusammenwirkung von Neuronen und Antineuronen werden erst die (n x M)- und (N x m)- dimensionalen Matrizen der verdeckten Neuronen berechnet, die danach zu einer (n x 1)- bzw. (1 x m)- Vektorebene $Y^{k-1}$, $Y^k$ und einer Skalarebene $z^{k-1}$, $z^k$ (Energieebene) komprimiert werden.

**Bild 2.12:** Nichtiteratives Lernen: die Wirkung von Neuronen und Antineuronen beim Quer-Propagation

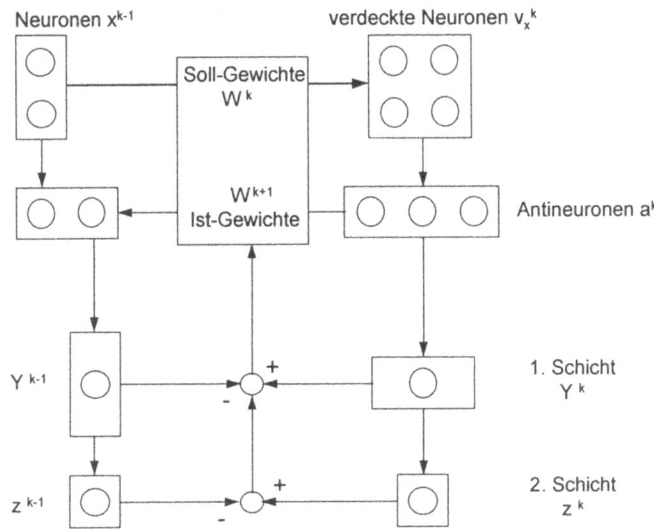


Ein Vergleich dieser Ebenen zeigt, welcher Block der Gewichtsmatrix korrigiert werden muß.

## 2.4 Historischer Rückblick

Der Begriff des Neurons wurde erstmals 1943 von den Neurophysiologen *W.S. McCulloch* und den 18jährigen Mathematikern *W. Pitts* [41] eingeführt. In den Jahrzehnten später wurden zahlreiche Neuronenmodelle erfunden, die sich auf dieses Grundmodell stützen.

Die Grundlage des Lernverfahrens ist eine Hypothese des Psychologen *D. Hebb* (1949), die besagt, daß das Lernen im Gehirn durch Änderung der Synapsenstärken erfolgt.

Das Hebb'sche Lernen basiert auf seinem im [19] formulierten Postulat: „Ist ein Axon des Neurons A nah genug, das

Neuron B anzuregen, und wiederholt sich dieser Vorgang, so finden in einer oder in beiden Zellen Wachstumsprozesse oder metabolische Änderungen statt, die die Wirksamkeit von Neuron A erhöhen".

Dieses Postulat wurde später von *Stent* (1973), und anschließend von *Changeux* und *Danchin* (1976) in folgende zwei Regeln zerlegt:

1) Wenn zwei Neuronen auf beiden Seiten einer Synapse gleichzeitig (d.h. synchron) aktiviert werden, soll die Stärke dieser Synapse selektiv vergrößert werden.

2) Wenn zwei Neuronen auf beiden Seiten einer Synapse asynchron aktiviert werden, soll diese Synapse selektiv verkleinert oder eliminiert werden.

1990 formulierten *Brown* u.a. vier Mechanismen der Hebb'schen Synapse, um das Neuron als ein synchrones, interaktives Element mit korrelierten Eingängen und Ausgängen darzustellten.

„Obwohl diese Hypothese experimentell bis heute nicht bestätigt werden konnte, hat sie - wenn auch oft in veränderter Form - Eingang in die Lernalgorithmen der neuronalen Netztheorien gefunden", so *Kinnenbrock W.* ( [27], S. 23).

Die Lernregeln von *D.Hebb* wurden später von *Taylor* (1959) als variable Potentiometer, die in einem Regelkreis durch einen Motor eingestellt wurden, realisiert. 1962 wurde diese Lernregel mathematisch von *B.Widrow* und danach von *Sutton* und *Barto* (1981) beschrieben. Mit der von *B.Widrow* und *T.Hoff* entwickelten Lernregel (die LMS- oder Deltaregel) wurde der Nachhall in Telefonleitungen korrigiert. Dabei wurde ein gleichartiges, aber entgegengesetztes Nachhallsignal auf der Rückleitung simuliert.

Mitte der 60er Jahre schlug *F.Rosenblatt* sein Perzeptron als Erkennungsmodell vor und prophezeite damit eine neue Neurocomputer-Ära. In der Begeisterung folgten viele Arbeiten, die die Erklärung des Sehens und Hörens in Neuromodellen suchten, z.B. *D. Hubel* und *T. Wiesel* (1962). Es wurde der erste Neurocomputer „Mark-1“ gebaut.

1969 behaupteten *M.Minsky* und *S.Papert* in ihrem Buch, daß man bestimmte Klasse von Problemen niemals mittels eines Perzeptrons lösen könnte. Das Buch verursachte weltweites Mißtrauen gegenüber den KNN.

Obwohl später diese Kritik als unbegründet zurückgewiesen wurde, kam die Neuroforschung in den 70er Jahre zum Erliegen. Es fehlte zum einen an schnellen Computern und zum anderen an den mathematischen Grundlagen. Es gab keine allgemeinen Lernregel, die sich auf alle KNN anwenden ließ.

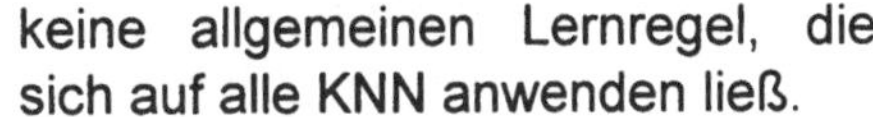

*Marvin Minsky*, der bereits während seiner Schulzeit mit seinem Kommilitonen *F.Rosenblatt* konkurrierte, entwickelte noch im Jahre 1951 zusammen mit *D.Edmonds* einen adaptiven Regler mit einem verteilten assoziativen Speicher. Er führte damit die Forschung von KNN in Richtung der künstlichen Intelligenz. *Seymour Papert*, einer der Direktoren des MIT Artificial Intelligence Laboratory und Erfinder der bekannten Programmiersprache für Kinder LOGO, gründete zusammen mit *M. Minsky* die regelbasierte künstliche Intelligenzforschung, die in den frühen 70er Jahre ihren Aufschwung hatte.

Nur wenige Forscher setzten ihre Tätigkeit im Bereich KNN weiter fort, darunter *B.Widrow* (1960), *S.Grossberg* (1976) und *J.Anderson* (1977) in den USA, *S.-I.Amari* (1972) und *K.Fukushima* (1975) in Japan, *I.Aleksander* (1981) in England, *Chris von der Malsburg* (1973) in Deutschland.

Das Perzeptron wurde verbessert. Der Trick war der Einsatz verdeckter Neuronen, die neue Grenzen zwischen die Klassen legten. Eine weitere Verbesserung war die Rückkopplung von Neuronen innerhalb einer Schicht. Damit wurde das

Perzeptron in ein Cognitron umgewandelt (*K.Fukushima*, 1975). Gleichzeitig wurden Alternativen zum Perzeptron erarbeitet, z.B. von *J.Albus* (1979) in seinem CMAC-Netz, das er für die Steuerung von künstlichen Armen entwickelte.

Die nachfolgenden Neuronenforscher brachten aus verschiedenen Fachrichtungen entsprechende fachspezifische Analogien zu Netz-Topologien und -Algorithmen mit, wie *J.J.Hopfield* (1982) aus den magnetischen Anomalien in seltenen Erden (Spingläsern), B.Widrow (1960) aus der Theorie der adaptiver Filtern oder der Physiker *L.Cooper* (1982) aus der Physik. Nachdem Leon Cooper als Co-Autor der Supraleitertheorie den Nobelpreis bekommen hatte, hörte er mit seiner Arbeit an der Brown University auf und gründete die Firma „Nestor", die erste Firma für KNN.

Diese Veröffentlichungen, wie auch die von *D.Rumelhart*, *G.Hinton* und *R.Williams* 1986 vorgestellte Lernregel und ein Dutzend anderer Aufsätze haben für neues Interesse an den KNN gesorgt.

Auch die von *R.Lippmann* (1987) und *B.Bavarian* (1988) veröffentlichten Artikel mit der Zusammenfassung der Ergebnissen von KNN, motivierten die Forschung auf diesem Gebiet.

Doch besonders wichtig war die Publikation von *J.J.Hopfield* (1982) über sein Konzept einer globalen Energiefunktion, die das breite Interesse zu KNN entwickelte.

Aus der Modifikation der Hebb'schen Lernregel, der Delta-Regel (1958) und Widrow-Hoff-Regel (1960), entstanden weitere Modifikationen, wie die Backpropagation (1974) und Oja-Regel (1982), sowie die neuen Wettbewerbsregeln (Competitive Learning, 1986) oder Counterpropagation (1986). Das letzte Prinzip realisierte *R. Hecht-Nielsen* in einem kommerziellen KNN.

Es folgte die hardwaretechnische Realisierung von KNN. *C.Mead*, einer der Entwickler des berühmten Mikrochips „Silicon Compiler", realisierte zusammen mit *F.Faggin* das

„Silicon Eye“ und „Silicon Ear“ (1987). Im Bereich von massiv parallel arbeitenden optischen Disks setzte *D. Psaltis* das KNN-Konzept fort.

Eine neue Klasse von selbstorganisierten Netzen wurde begründet, nachdem *T.Kohonen* (1980), *S.Grossberg* und *G.Carpenter* (1978), *D.Rumelhart* und *J.J.McClelland* (1985) eine neue Art des Lernens, das sogenannte unüberwachte Lernen, entwickelt hatten.

Hieraus entstanden die „Self-Organizing feature maps“ von *T.Kohonen*, die z.B. die Erkennung und Umsetzung in gedruckten Text von gesprochenem Japanisch und Finnisch realisierten, und die „Adaptive Resonance Theorie“ von *S.Grossberg*.

1985 stellte *B.Kosko* seinen assoziativen Speicher BAM vor und damit eine neue Klasse der assoziativer Speicher.

Aber auch im Bereich der traditionellen Backpropagation und Hopfield-Netze wurde weiter geforscht und verbessert: z.B. die Arbeit von *R.Murphy* (1990) oder die Weiterentwicklung von CMAC (*W.T.Miller, F.H.Glanz, L.G.Kraft*, 1990).

*T. Sejnowski* und *G. Hinton* entwickelten das stochastische Lernen („The Boltzmann Machine“, 1984).

Mit *C. Rosenberg* wurde danach der „NetTalk“ (Netz-Sprecher) realisiert. Sein Simulator lernte Englisch in 16 Stunden; dafür brauchte die konventionelle Programmierung eine Leistung von 20 Mann-Jahren.

Seit Mitte der 80er Jahre ist die Zahl und die Bandbreite der Anwendungsmöglichkeiten für KNN immens gestiegen.

Zum Vergleich:

- 1987, San Diego, Kalifornien, erste Tagung über KNN des „American Institute of Electrical and Electronic Engineering“: 2.000 Teilnehmer, 20 Vorträge.
- 1996, San Diego, Kalifornien, die Tagung der „Society for Neuroscience“, die im November 1995 ihr 25jähriges Bestehen feierte: 20.000 Teilnehmer, 200 Vorträge.

Die wichtigste Etappen der Entwicklung von KNN sind unten in einer Tabelle zusammengefaßt. Mehr über Geschichte der KNN findet man in [ 24, 32].

| *Jahr* | *Verfasser* | *Modelltyp* |
|---|---|---|
| 1943 | Warren McCulloch, Walter Pitts | Erstes künstliches Neuron |
| 1949 | Donald Hebb | Lernregel |
| 1957 | Frank Rosenblatt | Perceptron |
| 1960 | Bernard Widrow | Adaline / Madaline (Adaptive Lineare Element) |
| 1963 | K. Steinbuch | Learning Matrix |
| 1967 | Stephen Grossberg | Avalanche |
| 1969 | David Mar, James Albus, Andres Pellonez | CMAC(Cerebellar Model Arithmetic Computer) |
| 1970 | T.Martin | Comparator-Netz |
| 1972 | Shun-Ichi Amari | Autocorrelation Associative Memory |
| 1974 | P. Werbos, D. Parker, David Rumelhart | Backpropagation |
| 1976 | Kunihiko Fukushima | Cognitron |
| 1977 | James Anderson | Brain-state-in-a-box |
| 1978 | Igor Aleksander | RAM (Random Access Memory) |
| 1978 | Gail Carpenter, Stephen Grossberg | ART (Adaptive Resonance Theory) |
| 1980 | Kunihiko Fukushima | Neocognitron |
| 1980 | Teuvo Kohonen | Self-Organizing feature maps |

| | | |
|---|---|---|
| 1981 | Igor Aleksander, Bruce Wilkie, John Stonham | WISARD (Wilkie, Stonham and Aleksander's Recognition Devise) |
| 1982 | John Hopfield | Hopfield's Network |
| 1982 | Richard Lippmann | Hamming's Network |
| 1982 | Leon Cooper, Charles Elbaum, Douglas Reilly | RCE (Restricted Coulomb Energy) |
| 1985 | David E. Rumelhart, James L. McClelland | IAC (Interactive Activation and Competition) |
| 1985 | Bart Kosko | BAM (Bidirectional Associative Memory) |
| 1985 | Jeffrey Hinton, Terrence Seinowsky, Harold Szu | Boltzmann and Cauchy Machines |
| 1986 | Terrence Sejnowski, C.Rosenberg | NETtalk |
| 1986 | Robert Hecht-Nielsen | Counterpropagation-Netz |
| 1987 | Carver Mead, Federico Faggin | Silicon Eye, Silicon Ear |

Trotz aller Verbesserungen sind die Lernregeln immer noch in ihrer ursprünglichen Form als das Konvergenzziel der Iterationen geblieben. Daraus folgen alle Vor- und Nachteile der KNN. Die vorhandenen und neu entwickelten Minimumsuchverfahren sind zur Lösung dieser Aufgabe einbezogen.

Es gibt nur wenige Netze, die ohne Iterationen funktionieren, z.B. Comparator-Netz von *T.Martin* (1970) oder WISARD und RAM von *I.Aleksander* (1981). Der Verzicht auf Iterationen führt oft zum Verlust der Generalisierungsfähigkeiten.

„Zum Begriff des neuronalen Netzes fehlt jetzt nur noch ein kleiner Schritt: Ersetzt man das Wort 'Neuron' durch 'Verarbeitungselement', so erinnert nichts mehr an ein Nervensystem. Nun fällt es nicht weiter schwer, das Modell von seiner ursprünglichen Bedeutung abzulösen", so *N.Hoffmann* [21, S. 5].

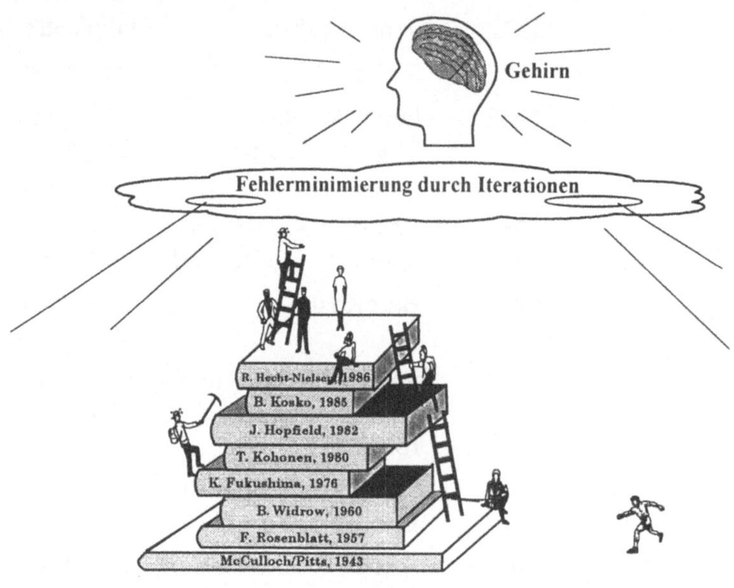


## 2.5 Vor- und Nachteile von KNN

*Die Vorteile Neuronaler Netze*:

- kein mathematisches Prozeßmodell nötig
- die Fähigkeit zur Generalisierung
- das beispielbasierte Lernen
- die Selbstorganisation und die Adaptionsfähigkeit
- die Echtzeitfähigkeit
- die Fehlertoleranz

Die Fehlertoleranz der KNN ist die Fähigkeit der KNN mit fehlenden oder teilweise zerstörten Datensätze zu lernen und zu funktionieren. Ein vereinfachtes Diagramm im Bild 2.13 nach [28] zeigt, daß ein bis zu 60% zerstörtes Netz funktionsfähig bleibt.

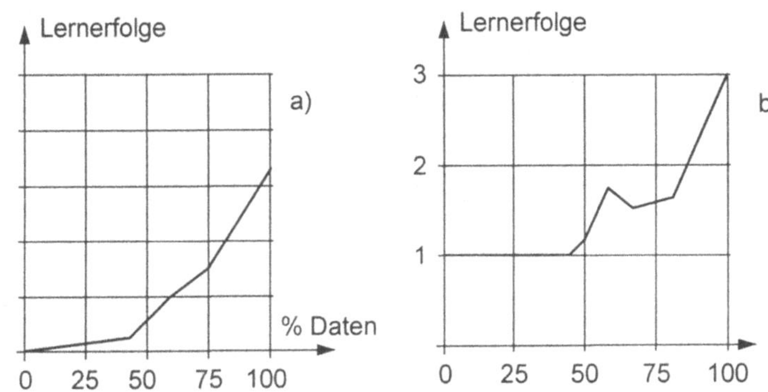


**Bild 2.13:** Lern- (a) und Zustands- (b) Fehler bei der Steuerung einer Fahrzeugrückführung mit KNN nach [28]

„...soll erläutert werden, daß auch neuronale Netzwerke, trotz ihrer vielen Vorteile und hohen Leistungsfähigkeit, Nachteile besitzen, über die nicht immer hinweggesehen werden kann und die eine denkbare Einsatzmöglichkeit wieder zunichte machen können", warnt *M. Seraphin* in [55, S.163].

*Die Nachteile Neuronaler Netze:*

- keine Nachvollziehbarkeit der Ergebnisse
- viele Lernmuster nötig
- trotz leistungsfähiger Rechner stundenlange Lernzeiten
- schlechte und nicht gesicherte Konvergierbarkeit des Netzes (z.B., die lokale Minimumstellen der Fehlerfunktion oder die fehlende Abbruchbedingungen des Lernverfahrens)
- Abhängigkeit der Lernergebnisse von der Merkmalextraktion
- Vielfalt von Modellen und fehlende Vergleichsanalyse von verschiedenen KNN-Typen.

Um den Zeitaufwand beim Entwurf der KNN zu demonstrieren, sind unten zwei Beispiele aufgestellt.

Das Lernen der Steuerung von Fahrzeugrückwärtsbewegungen [28] dauerte 3 bis 5 Stunden und benötigte ca. 3000 Beispiele.

Das Lernen der Stabilisierung eines Pendels [3] dauerte auch 3 Stunden und benötigte 100 bis 10000 Lernschritte. Die Ergebnisse dieses Lernverfahrens sind im Bild 2.14 gezeigt, wobei als „Lernerfolg" die Zahl der eingegebenen Stellgrößen bei den gelungenen Experimenten (die Dauer der Pendelstabilisierung) bezeichnet ist. Als „Lernversuch" wurde die Zahl der Versuche mit dem Pendel für das unüberwachte Lernen betrachtet.

**Bild 2.14:** Die Ergebnisse des Lernens bei der Regelung eines Pendels mit KNN nach [3]
a) Einzelschicht
b) Zweischicht

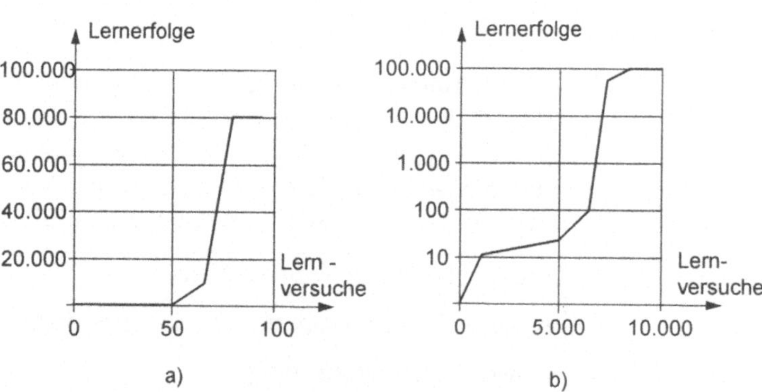


Wie man dem Bild 2.14 entnehmen kann, zeigen sich die ersten Erfolge des Einzelschicht- KNN bei der Pendelstabilisierung nach 50 Experimente.

Das Pendel bleibt nach 100 Lernversuche (3 Stunden) ziemlich lange (80.000 Stellsignale) stabil.

Mehr über Vor- und Nachteile der KNN findet man in folgender Literatur: [4, S.437-444], [24], [55, S.163-174].

# 3. Grundtypen von künstlichen Neuronalen Netzen

## 3.1 Übersicht

In diesem Kapitel werden einige der gebräuchlichsten KNN-Typen kurz aufgeführt.

Die Beschreibung der einzelnen Netze gliedert sich in:

- Strukturbild des KNN
- Netzmerkmale nach den Abschnitten 2.1 - 2.2
- Lernalgorithmus nach der Einteilung des Abschnitts 2.3
- Literaturhinweis
- Beispiel

## 3.2 Einzelschicht Perzeptron

Das Einzelschicht Perzeptron (Bild 3.1) wird für die Approximierung von Funktionen, z.B. für eine Einteilung von Mustern in zwei verschiedene Klassen (A, B), benutzt.

Die Funktionsweise eines Perzeptrons entspricht der Funktion eines Neurons, die in Abschnitten 1.1-1.3 beschrieben wurde. Ist die Einteilung der Eingangsvektoren durch eine Grenzgerade möglich, so wird

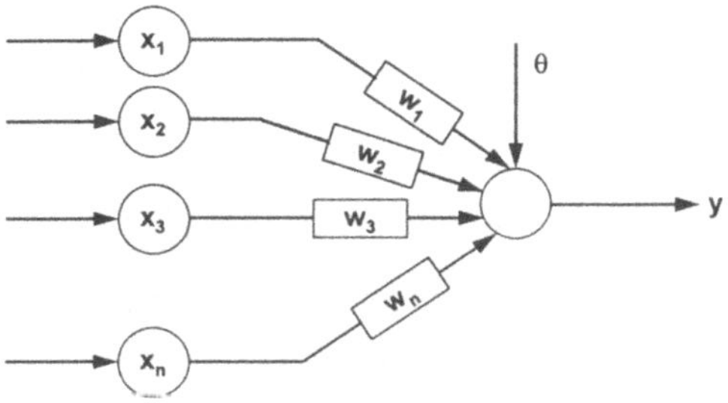

**Bild 3.1:** Einzelschicht Perzeptron mit n Eingängen

sie mit den logischen Verknüpfungen UND und ODER dargestellt. Für die Erkennung der Grenzgerade kann ein Einzelschicht Perzeptron eingesetzt werden.

Sind für die Klassenbeschreibung zwei Geraden bzw. zwei logische Funktionen (oder eine XOR-Funktion) nötig, ist das Mehrschicht Perzeptron zu verwenden.

**Tabelle 3.1:** Merkmale eines Einzelschicht Perzeptrons

| *Netzmerkmale* | *Beschreibung* | *Abschnitt* |
|---|---|---|
| Netzfunktion | Klassifikator | 2.1 |
| Struktur | Einzelschicht | 2.1 |
| Signalübertragung | vorwärts | 2.1 |
| Fehlerübertragung | rückwärts | 2.1 |
| Statische Kennlinie | Linear, Zweipunkt, Sigmoid | 2.2 |
| Lernverfahren | überwacht, iterativ | 2.3 |
| Verfasser | F.Rosenblatt, 1957 | 2.4 |
| Literatur | [7, 8, 21, 27, 47, 49, 52, 55, 59] | 7 |

**Algorithmus:** Einzelschicht Perzeptron

Die Reihenfolge der Programmschritte des Perzeptrons:

1) Gewichte $W_i(t)$ für t = 0 initialisieren
2) Eingänge $x_i(t)$ und gewünschter Ausgang d(t) eingeben
3) Aktivierungswert $\alpha$ berechnen:

$$\alpha = \sum_{i=1}^{n} W_i \cdot x_i - \theta$$

4) Netzausgang berechnen: $y = f(\alpha)$
5) Fehler berechnen: $\Delta = d(t) - y(t)$
6) Gewichte korrigieren: $W_i(t+1) = W_i(t) + \eta \cdot [d(t) - y(t)] \cdot x_i(t)$
7) Punkte 2) bis 6) solange wiederholen, bis der Fehler für alle Eingangskombinationen minimal wird

**Beispiel:**
Einzelschicht Perzeptron

Gegeben sind folgende Parameter:

| | |
|---|---|
| Eingänge: $n = 2$ | Schwellenwert: $\theta = 2$ |
| Ausgänge: $m = 1$ | Lernschrittweite: $\eta = 1$ |
| Statische Kennlinie: Zweipunkt Z2-Kennlinie | |
| Lerndatei $(x_1, x_2, d)$ = (1,5,1), (5,1,-1), (5,4,1), (10; 4,9; -1), (-2, 0, -1), (-1, 0 ,-1) | |

Gezeigt wird die Funktionsweise des Einzelschicht Perzeptrons nach dem obigen Algorithmus:

⇒ *Schritt 1*. Gewichte beliebig einstellen: $W_1(t) = W_2(t) = 1$

⇒ *Schritt 2*. Lerndatei eingeben (1.Satz): $x_1 = 1$; $x_2 = 5$

⇒ *Schritt 3*. Aktivierungswert berechnen:

$$\alpha = W_1 \cdot x_1 + W_2 \cdot x_2 - \theta = 1 \cdot 1 + 1 \cdot 5 - 2 = 4$$

⇒ *Schritt 4*. Ausgang berechnen: $y = 1$

⇒ *Schritt 5*. Fehler berechnen:

$$E = d - y = 1 - 1 = 0$$

Da der Fehler gleich Null ist, gibt es keine Gewichtsänderung. Die Punkten 2) bis 4) werden für den zweiten Satz wiederholt:

$$\alpha = W_1 \cdot x_1 + W_2 \cdot x_2 - \theta = 1 \cdot 5 + 1 \cdot 1 - 2 = 4$$

Damit ist $y = 1$ und der Fehler

$$E = d - y = -1 - 1 = -2$$

⇒ *Schritt 6*. Die Gewichtsänderung:

$$W_1(t+1) = W_1(t) + \eta \cdot (d - y) \cdot x_1(t) = 1 + 1 \cdot (-2) \cdot 5 = -9$$
$$W_2(t+1) = W_2(t) + \eta \cdot (d - y) \cdot x_2(t) = 1 + 1 \cdot (-2) \cdot 1 = -1$$

Die ersten 10 Lernschritten sind unten zusammengefaßt:

| $x_1$ | $x_2$ | $w_1(t)$ | $w_2(t)$ | y | d | $w_1(t+1)$ | $w_2(t+1$ | Gerade |
|---|---|---|---|---|---|---|---|---|
| 1 | 5 | 1 | 1 | 1 | 1 | 1 | 1 | $a_1$ |
| 5 | 1 | 1 | 1 | 1 | -1 | -9 | -1 | $a_2$ |
| 5 | 1 | -9 | -1 | -1 | -1 | -9 | -1 | $a_2$ |
| 1 | 5 | -9 | -1 | -1 | 1 | -7 | 9 | $a_1$ |
| 5 | 4 | -7 | 9 | -1 | 1 | 3 | 17 | $a_3$ |
| 5 | 1 | 3 | 17 | 1 | -1 | -7 | 15 | $a_2$ |
| 10 | 4,9 | -7 | 15 | 1 | -1 | -27 | 5 | $a_4$ |
| 5 | 4 | -27 | 5 | -1 | 1 | -7 | 13 | $a_3$ |
| -2 | 0 | -7 | 13 | 1 | -1 | -3 | 13 | $a_5$ |
| -1 | 0 | -3 | 13 | 1 | -1 | 0 | 13 | $a_6$ |

Wie im Abschnitt 1.1 gezeigt wurde, läßt sich eine Grenzgerade $\alpha = 0$ aus den Tabellenwerten bestimmen:

$$0 = W_1 \cdot x_1 + W_2 \cdot x_2 - \theta$$

$$x_2 = -\frac{W_1}{W_2} \cdot x_1 + \frac{\theta}{W_2}$$

Nimmt man diese Geradengleichung als Basis, ergeben sich für jeden Lernschritt folgende Grenzgeraden (Bild 3.2):

$a_1$: $$x_2 = -\frac{1}{1} \cdot x_1 + \frac{2}{1} = -x_1 + 2$$

$a_2$: $$x_2 = -\frac{-9}{-1} \cdot x_1 - \frac{2}{1} = -9x_1 - 2$$

$a_3$: $$x_2 = -\frac{-7}{9} \cdot x_1 + \frac{2}{9} = 0{,}8x_1 + 0{,}2$$

$a_4$: $$x_2 = -\frac{3}{17} \cdot x_1 + \frac{2}{17} = -0{,}2x_1 + 0{,}1$$

$$a_5: \qquad x_2 = -\frac{-7}{15}\cdot x_1 + \frac{2}{15} = 0{,}46x_1 + 0{,}1$$

$$a_6: \qquad x_2 = -\frac{-27}{5}\cdot x_1 + \frac{2}{5} = 5{,}4x_1 + 0{,}4$$

$$a_7: \qquad x_2 = -\frac{-7}{13}\cdot x_1 + \frac{2}{13} = 0{,}54x_1 + 0{,}15$$

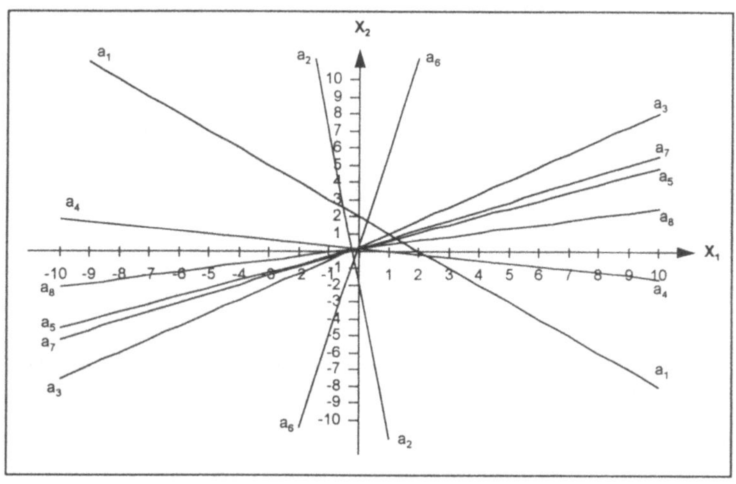


**Bild 3.2:** Lage der Grenzgeraden während des Lernens

Nach weiteren 6 Schritten mit $\eta$ = 0,36 ergibt sich $W_1$ (t+1) = -0,8 und $W_2$ (t+1) = 1,8 und die Grenzgerade

$$a_{16}: \qquad x_2 = -\frac{-0{,}8}{1{,}8}\cdot x_1 + \frac{2}{1{,}8} = 0{,}44x_1 + 1{,}1$$

Zum Vergleich: die gegebene Grenzgerade ist $x_2 = 0{,}4x_1 + 1$.

## 3.3 Mehrschicht Perzeptron

Die Ein- und Ausgangsschichten bestehen aus n und m Neuronen (Bild 3.3). Die Neuronenzahl in der 1. und 2. Schicht der verdeckten Neuronen sind n1 und n2.

**Bild 3.3:** Mehrschicht Perzeptron mit 2 verdeckten Schichten

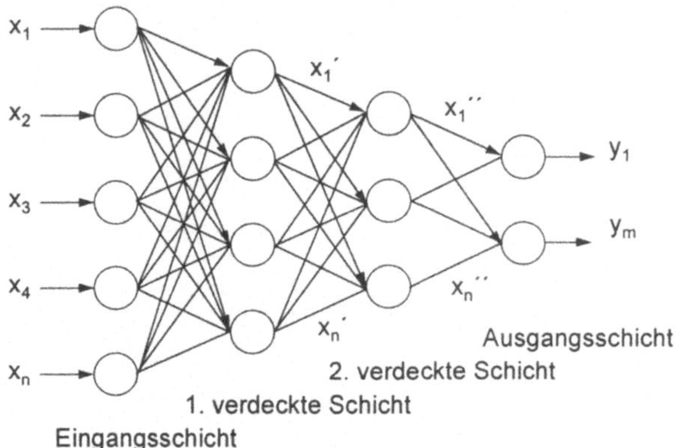


Das Mehrschicht Perzeptron kann Klassifikationsgrenzen mit mehreren Geraden bilden und somit konvexe Gebiete einteilen.

**Tabelle 3.2:** Merkmale eines Mehrschicht Perzeptrons

| *Netzmerkmale* | *Beschreibung* | *Abschnitt* |
|---|---|---|
| Netzfunktion | Klassifikator | 2.1 |
| Struktur | mit verdeckten Neuronen | 2.1 |
| Signalübertragung | vorwärts | 2.1 |
| Fehlerübertragung | rückwärts | 2.1 |
| Statische Kennlinie | Linear, Zweipunkt, Sigmoid | 2.2 |
| Lernverfahren | überwacht, iterativ | 2.3 |
| Literatur | [7, 8, 18, 27, 37, 40, 47, 49, 52, 59] | 7 |

Das Programm besteht aus folgenden Schritten:

**Algorithmus:** Mehrschicht Perzeptron

1) Gewichte $W_{ij}(t)$ für t = 0 initialisieren
2) Eingänge $x_i(t)$ und Soll-Ausgänge $d_j(t)$ eingeben
3) Aktivierungen $\alpha_i$ bestimmen:

$$\alpha_j = \sum_{i=1}^{n} W_{ij} \cdot x_i - \theta_i \qquad 0 \le j \le n_1$$

4) Werte der verdeckten Neuronen der 1.Schicht berechnen: $x_j^I = f(\alpha_j)$, wobei $f(\alpha_j)$ die Aktivierungsfunktion ist.
5) Punkte 3) und 4) für weitere Schichten wiederholen:

$$x_k^{II} = f\left(\sum_{j=1}^{n1} W_{kj} \cdot x_j^I - \theta_k^I\right) \qquad 0 \le k \le n2$$

6) Werte der Ausgangsneuronen $y_e$ berechnen:

$$y_e = f\left(\sum_{j=1}^{n2} W_{ek} \cdot x_k^{II} - \theta_e^{II}\right) \qquad 0 \le e \le m$$

7) Fehler für alle m Ausgänge berechnen: $E_e = d_e(t) - y_e(t)$

   Danach folgt die Fehlerrückführung.
8) Gewichte der Ausgangsneuronen korrigieren:

   $W_{ek}(t+1) = W_{ek}(t) + \eta \cdot [d_e(t) - y_e(t)] \cdot x^{II}{}_e(t)$
9) Fehler $E_e$ für alle n2 verdeckten Neuronen umrechnen:

   $E_k = E_e \cdot W_{ek}(t)$
10) Gewichte der verdeckten Neuronen korrigieren:

    $W_{ki}(t+1) = W_{ki}(t) + \eta \cdot E_k \cdot x^I{}_k(t)$
11) Fehler $E_k$ für alle n1 verdeckten Neuronen umrechnen:

    $E_j = E_k \cdot W_{ki}(t)$
12) Gewichte der Eingangsneuronen korrigieren:
    $W_{ji}(t+1) = W_{ji}(t) + \eta \cdot E_j \cdot x_k(t)$

**Beispiel:**
Mehrschicht Perzeptron

Als Beispiel wird das Mehrschicht Perzeptron (Bild 3.4) nach [40, S,189-192] betrachtet. Gegeben sind folgende Werte:

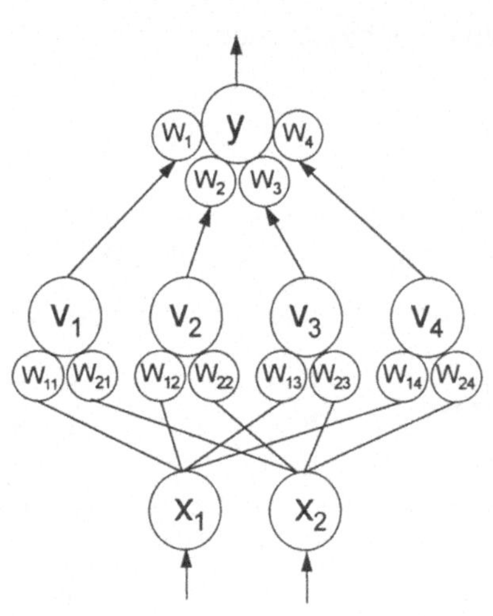


**Bild 3.4:**
Beispiel eines Mehrschicht Perzeptrons [40, S.189-192]

Eingänge: $n = 2$,
Ausgänge: $m = 1$
Anzahl der verdeckten Neuronen: $n_1 = 4$;
Schwellenwert: $\theta_i = 0$;
Lernschritt: $\eta = 0{,}1$;
Statische Kennlinie: Linear L1 mit k=1.

Es wird die Berechnung des ersten Lernschrittes des Perzeptrons für den Lernsatz $(x_1, x_2, d) = (0, 1, 1)$ gezeigt.

⇒ *Schritt 1.* Gewichte als Zufallszahlen einstellen:

| | | | |
|---|---|---|---|
| $W_{11} = 1{,}9$ | $W_{12} = 1{,}5$ | $W_{13} = 1{,}3$ | $W_{14} = 1{,}2$ |
| $W_{21} = -1{,}2$ | $W_{22} = -1{,}6$ | $W_{23} = 1{,}8$ | $W_{24} = -1{,}2$ |
| $W_1 = 1{,}1$ | $W_2 = 1{,}4$ | $W_3 = 1{,}5$ | $W_4 = 1{,}5$ |

⇒ *Schritt 2.* Eingänge $x_1 = 0$ ; $x_2 = 1$ einstellen

⇒ *Schritt 3.* Aktivierung der verdeckten Neuronen:

$$v_1 = W_{11} \cdot x_1 + W_{21} \cdot x_2 = 1{,}9 \cdot 0 - 1{,}2 \cdot 1 = -1{,}2$$
$$v_2 = W_{12} \cdot x_1 + W_{22} \cdot x_2 = 1{,}5 \cdot 0 - 1{,}6 \cdot 1 = -1{,}6$$
$$v_3 = W_{13} \cdot x_1 + W_{23} \cdot x_2 = 1{,}3 \cdot 0 + 1{,}8 \cdot 1 = 1{,}8$$
$$v_4 = W_{14} \cdot x_1 + W_{24} \cdot x_2 = 1{,}2 \cdot 0 - 1{,}2 \cdot 1 = -1{,}2$$

⇒ *Schritte 4 bis 7.* Der aktuelle Ausgang und der Fehler:

$$y = W_1 \cdot v_1 + W_2 \cdot v_2 + W_3 \cdot v_3 + W_4 \cdot v_4 =$$
$$= 1{,}1 \cdot (-1{,}2) + 1{,}4 \cdot (-1{,}6) + 1{,}5 \cdot 1{,}8 + 1{,}5 \cdot (-1{,}2) = -2{,}66$$
$$E = d - y = 1 - (-2{,}66) = 3{,}66$$

⇒ *Schritt 8.* Nun werden alle 12 Gewichte nach dem Fehler korrigiert. Man beginnt mit der Ausgangsschicht:

$$W_{1_{neu}} = W_1 + \eta \cdot E \cdot y = 1{,}1 + 0{,}1 \cdot 3{,}66 \cdot (-2{,}66) = 0{,}13$$
$$W_{2_{neu}} = W_2 + \eta \cdot E \cdot y = 1{,}4 + (-0{,}97) = 0{,}43$$
$$W_{3_{neu}} = W_3 + \eta \cdot E \cdot y = 1{,}5 + (-0{,}97) = 0{,}53$$
$$W_{4_{neu}} = W_4 + \eta \cdot E \cdot y = 1{,}5 + (-0{,}97) = 0{,}53$$

⇒ *Schritt 9.* Um die Gewichte der ersten Schicht zu korrigieren, muß der Fehler E in diese Schicht transformiert werden:

$$E_1 = E \cdot W_1 = 3{,}66 \cdot 1{,}1 = 4{,}03 \qquad E_2 = E \cdot W_2 = 3{,}66 \cdot 1{,}4 = 5{,}12$$
$$E_3 = E \cdot W_3 = 3{,}66 \cdot 1{,}5 = 5{,}49 \qquad E_4 = E \cdot W_4 = 3{,}66 \cdot 1{,}5 = 5{,}49$$

⇒ *Schritte 10-12.* Der Lernschritt wird mit der Berechnung der „neuen" Gewichte der verdeckten Neuronen beendet:

$$W_{11_{neu}} = W_{11} + \eta \cdot E_1 \cdot v_1 = 1{,}9 + 0{,}1 \cdot 4{,}03 \cdot (-1{,}2) = 1{,}42$$

$$W_{21_{neu}} = W_{21} + \eta \cdot E_1 \cdot v_1 = -1{,}2 + 0{,}1 \cdot 4{,}03 \cdot (-1{,}2) = -1{,}68$$
$$W_{12_{neu}} = W_{12} + \eta \cdot E_2 \cdot v_2 = 1{,}5 + 0{,}1 \cdot 5{,}12 \cdot (-1{,}6) = 0{,}68$$

$$W_{22_{neu}} = W_{22} + \eta \cdot E_2 \cdot v_2 = -1{,}6 + 0{,}1 \cdot 5{,}12 \cdot (-1{,}6) = -2{,}42$$
$$W_{13_{neu}} = W_{13} + \eta \cdot E_3 \cdot v_3 = 1{,}3 + 0{,}1 \cdot 5{,}49 \cdot 1{,}8 = 2{,}29$$
$$W_{23_{neu}} = W_{23} + \eta \cdot E_3 \cdot v_3 = 1{,}8 + 0{,}1 \cdot 5{,}49 \cdot 1{,}8 = 2{,}79$$
$$W_{14_{neu}} = W_{14} + \eta \cdot E_4 \cdot v_4 = 1{,}2 + 0{,}1 \cdot 5{,}41 \cdot (-1{,}2) = 0{,}55$$
$$W_{24_{neu}} = W_{24} + \eta \cdot E_4 \cdot v_4 = -1{,}2 + 0{,}1 \cdot 5{,}41 \cdot (-1{,}2) = -1{,}85$$

## 3.4 Adaline / Madaline - Netze

(Adaptive Lineare Element)

**Bild 3.5:** Madaline-Netz mit 3 Adaline-Neuronen (Schwellenwert $\theta = w_0 x_0$)

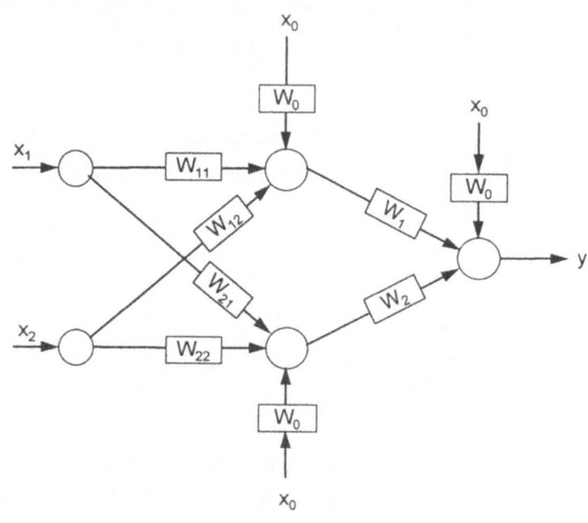


**Tabelle 3.3:** Merkmale eines Adaline-Netzes

| *Netzmerkmale* | *Beschreibung* | *Abschnitt* |
|---|---|---|
| Netzfunktion | Klassifikator | 2.1 |
| Struktur | mit verdeckten Neuronen | 2.1 |
| Signalübertragung | vorwärts | 2.1 |
| Fehlerübertragung | rückwärts (Delta-Regel) | 2.1 |
| Statische Kennlinie | Zweipunkt, Sigmoid | 2.2 |
| Lernverfahren | überwacht, iterativ | 2.3 |
| Verfasser | B.Widrow, 1960 | 2.4 |
| Literatur | [8], [33, S.27-53], [49] | 7 |

Ein Adaline (Bild 3.5) ist dem Einzelschicht Perzeptron ähnlich. Ein KNN von mehreren Adaline-Netze, heißt Madaline. Analog zum Mehrschicht Perzeptron, kann man die Musterklassen mit zwei oder mehreren Geraden abgrenzen.

**Algorithmus:** Adaline

Nachstehende Programmschritte kommentieren das Prinzip und die Funktionsweise des KNN.

1) Gewichte W(t) für t = 0 initialisieren
2) n Eingänge $x_i(t)$ und den gewünschten Ausgang d(t) sowie die Lernschrittweite $\eta$ und die zugelassene Fehlergröße e eingeben
3) Aktivierungwert $\alpha$ berechnen:

$$\alpha = \sum_{i=1}^{n} W_i \cdot x_i - W_0 \cdot x_0$$

4) Netzausgang berechnen: $y = f(\alpha)$
5) Fehler $E = f[d(t) - y(t)]^2$ iterativ minimieren:

    5a) Korrekturgröße berechnen: $\Delta = \eta\,(-\alpha + e)$

    5b) Vorzeichen der Gewichständerung bestimmen:

- wenn d - y > 0 ist , so wird $W_{i(neu)} = W_{i(alt)} + \Delta$
- wenn d - y < 0 ist , so wird $W_{i(neu)} = W_{i(alt)} - \Delta$
- wenn d - y = 0 ist, so findet keine Gewichtsänderung, es bleibt $W_{i(neu)} = W_{i(alt)}$

    5c) Gewichte nur für aktive Neuronen (d.h. mit $x_{i(alt)} = 1$) ändern

6) Punkte 2) bis 5) bis zur Konvergenz des Netzes wiederholen, d.h. bis überall y = d wird

**Beispiel:** Adaline

Betrachtet wird das Adaline (Bild 3.6a) nach [10, S.77-87].

Gegeben sind:

| | |
|---|---|
| Eingänge: n = 3 | Schwellenwert: $x_0 = 0$ |
| Ausgänge: m = 1 | Lernschrittweite: $\eta = 0{,}5$ |
| Zugelassener Fehler: $e \leq 0{,}1$ | |
| Statische Kennlinie: Zweipunkt Z1-Kennlinie | |

Es soll die Funktion des Netzes mit der Lerndatei (Bild 3.6b) gezeigt werden.

**Bild 3.6:** Beispiel eines Adaline-Netzes und die Lerndatei [10, S.77-87]

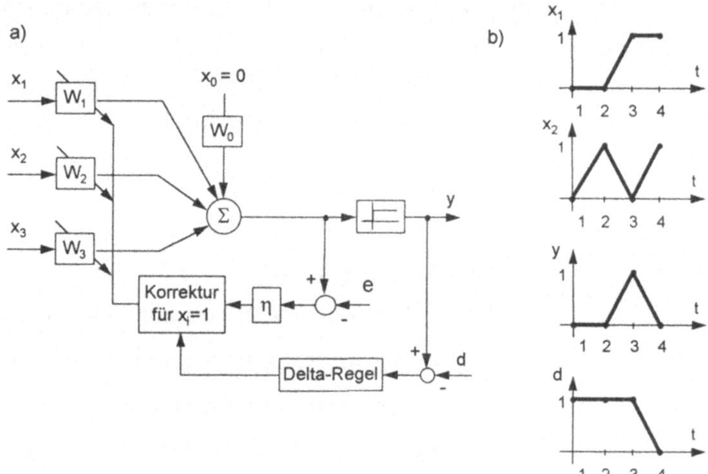


*Schritt 1.* Gewichte: $W_1 = 0{,}2$; $W_2 = -0{,}5$; $W_3 = -0{,}1$

| t | 1 | 2 | 3 | 4 |
|---|---|---|---|---|
| $x_1$ | 0 | 0 | 1 | 1 |
| $x_2$ | 0 | 1 | 0 | 1 |
| $x_3$ | 1 | 1 | 1 | 1 |
| d | 1 | 1 | 1 | 0 |

*Schritt 2.* Eingänge $x_i$ und Soll-Ausgang d eingeben (siehe Tabelle links)

*Schritte 3-4.* Aktivierungswerte und die Ausgänge y für verschiedene Zeitpunkte t berechnen:

$$\alpha = W_1 \cdot x_1 + W_2 \cdot x_2 + W_3 \cdot x_3$$

für t = 1 $\alpha = 0{,}2 \cdot 0 - 0{,}5 \cdot 0 - 0{,}1 \cdot 1 = -0{,}1$; $\alpha < 0$; also $y = 0$

für t = 2 $\alpha = 0{,}2 \cdot 1 - 0{,}5 \cdot 1 - 0{,}1 \cdot 1 = -0{,}6$; $\alpha < 0$; also $y = 0$

für t = 3 $\alpha = 0{,}2 \cdot 1 - 0{,}5\ 0 - 0{,}1 \cdot 1 = 0{,}1$; $\alpha > 0$; also $y = 1$

für t = 4 $\alpha = 0{,}2 \cdot 1 - 0{,}5 \cdot 1 - 0{,}1 \cdot 1 = -0{,}4$ $\alpha < 0$; also $y = 0$

Die Ergebnisse sind unten in der Tabelle zusammengefaßt.

*Schritt 5.* Erste Iteration nach der Delta-Regel für t=1.

Die Korrekturgröße $\Delta$ berechnen: $\Delta = \eta\cdot(-\alpha + e) = 0{,}5\cdot(0{,}1+ +0{,}1) = 0{,}1$

| t | 1 | 2 | 3 | 4 |
|---|---|---|---|---|
| Ist: y | 0 | 0 | 1 | 0 |
| Soll: d | 1 | 1 | 1 | 0 |

Gewichte nur für aktive Neuronen ändern:

für $x_1 = 0$ wird $W_{1(neu)} = W_{1(alt)} = 0{,}2$

für $x_2 = 0$ wird $W_{2(neu)} = W_{2(alt)} = -0{,}5$

für $x_3 = 1$ wird $W_{3(neu)} = W_{3(alt)} + \Delta = -0{,}1 + 0{,}1 = 0$

Netzzustand nach der 1. Iteration ist unten aufgestellt.

*Schritt 6.* Zweite Iteration nach der Delta-Regel (t=2).

$\alpha = 0{,}2\cdot 0 + (-0{,}5)\cdot 1 + 0\cdot 1 = -0{,}5$
Korrekturgröße:

$\Delta = \eta\cdot(-\alpha+e) = 0{,}5\cdot(-(-0{,}5) + + 0{,}1) = 0{,}3$

| t | 1 | 2 | 3 | 4 |
|---|---|---|---|---|
| Ist: y | 0 | 0 | 1 | 0 |
| Soll: d | 1 | 1 | 1 | 0 |

Gewichtsänderung nur für aktive Neuronen:

für $x_1 = 0$ wird $W_{1(neu)} = W_{1(alt)} = 0{,}2$

für $x_2 = 1$ wird $W_{2(neu)} = W_{2(alt)} + \Delta = -0{,}5 + 0{,}3 = -0{,}2$

für $x_3 = 1$ wird $W_{3(neu)} = W_{3(alt)} + \Delta = 0 + 0{,}3 = 0{,}3$

Netzzustand nach der 2. Iteration ist unten gegeben.

*Schritt 7.* Dritte Iteration nach der Delta-Regel für t=3.

Aktivierungswert:
$\alpha = 0{,}2\cdot 1 + (-0{,}2)\cdot 0 + 0{,}3\cdot 1 = 0{,}5$

| t | 1 | 2 | 3 | 4 |
|---|---|---|---|---|
| Ist: y | 1 | 1 | 1 | 1 |
| Soll: d | 1 | 1 | 1 | 0 |

Korrekturgröße: $\Delta = \eta\ (-\alpha + e) = 0{,}5\cdot(-0{,}5 + 0{,}1) = -0{,}2$

Es werden keine Gewichte geändert, da y = d = 1 ist.

Weitere Netzzustände:

nach der 4. Iteration (t=4)

| t | 1 | 2 | 3 | 4 |
|---|---|---|---|---|
| y | 1 | 0 | 1 | 0 |
| d | 1 | 1 | 1 | 0 |

nach der 6. Iteration (t=2)

| t | 1 | 2 | 3 | 4 |
|---|---|---|---|---|
| y | 1 | 1 | 1 | 1 |
| d | 1 | 1 | 1 | 0 |

nach der 8. Iteration (t=4)

| t | 1 | 2 | 3 | 4 |
|---|---|---|---|---|
| y | 1 | 0 | 1 | 0 |
| d | 1 | 1 | 1 | 0 |

nach der 10. Iteration (t=2)

| t | 1 | 2 | 3 | 4 |
|---|---|---|---|---|
| y | 1 | 1 | 1 | 0 |
| d | 1 | 1 | 1 | 0 |

Das Netz konvergiert nach 10 Iterationen. Damit lernt das KNN die Ausgangsfunktion y(t) mit den Eingangsfunktionen $x_1(t)$ und $x_2(t)$ korrekt nachzubilden (zu erkennen).

## 3.5 Cognitron und Neocognitron

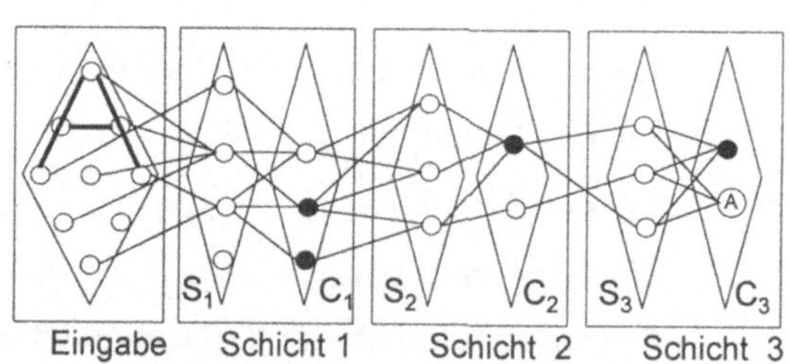


**Bild 3.7:** Neocognitron mit 3 Schichten aus C- und S-Zellen (Erkennung des Buchstabens "A")

Das Cognitron besteht aus Neuronen mit linearen Kennlinien L2. Jedes Neuron hat N anregende und M hemmende Eingänge (Bild 3.7).

Das Neocognitron ist eine Weiterentwicklung des Cognitrons. Das KNN besteht aus zwei Neuronentypen: Erkennungs- und Erinnerungsneuronen (C- und S-Neuronen). Jede Schicht besteht wiederum aus einer Gruppe von Neuronen gleicher Gewichte.

Die S-Zellen sind einfach und dienen zur Extraktion von Eigenschaften oder Mustern der Vorgängerschicht. Die Verbindungen zu den S-Zellen sind variabel und werden trainiert.
Die C-Zellen sind kompliziert aufgebaut und ermöglichen eine positionsunabhängiges Erkennen von Mustern. Ihre Verbindungen sind statisch und können nicht durch Training verändert werden.

**Tabelle 3.4:** Merkmale eines Cognitrons

| *Netzmerkmale* | *Beschreibung* | *Abs.* |
| --- | --- | --- |
| Netzfunktion | Klassifikator (Bilderkennung) | 2.1 |
| Struktur | mit C- und S- Neuronen | 2.1 |
| Signalübertragung | vorwärts und rückwärts | 2.1 |
| Fehlerübertragung | rückwärts | 2.1 |
| Statische Kennlinie | Linear L2 mit k=1 | 2.2 |
| Lernverfahren | Konkurrenzregel, iterativ | 2.3 |
| Verfasser | K.Fukushima, 1976 | 2.4 |
| Literatur | [26, 27], [33, S.222-232], [49] | 7 |

Die einzelnen Programmschritte sind unten aufgeführt.

**Algorithmus:** Cognitron

1) Gewichte der anregenden $A_i$ und hemmenden $H_i$ Eingänge initialisieren
2) Anregende u(i) und hemmende v(j) Eingänge des Neurons eingeben
3) Aktivitäten berechnen:

$$\alpha = \frac{1 + \sum_{i=1}^{N} A_i u_i}{1 + \sum_{j=1}^{M} H_i v_i}$$

4) Neuronenausgang nach der linearen Kennlinie L2 (Abschnitt 2.2) berechnen:

4) Neuronenausgang nach der linearen Kennlinie L2 (Abschnitt 2.2) berechnen:
- wenn $\alpha > 0$, so wird $y = \alpha$
- wenn $\alpha \leq 0$, so wird $y = 0$

5) Ausgänge der nachfolgenden Schichten berechnen
6) Gewichte nach dem Konkurrenzlernen ändern (Abschnitt 2.3.5):
- $A_{ik(neu)} = A_{ik(alt)} + \Delta A_{ik}$ mit $\Delta A_{ik} = \eta \cdot f(u_i, v_k)$
- $H_{jk(neu)} = H_{jk(alt)} + \Delta H_{jk}$ mit $\Delta H_{jk} = \eta \cdot f(u_k, v_j)$

Das Neocognitron ist besonders zur Erkennung von handgeschriebenen bzw. eng gedruckten Schriften geeignet. Sie können sogar verschoben, jedoch nicht gedreht sein.

Die erste Schicht reagiert selektiv auf Linien und Kanten spezieller Orientierung. Weitere Schichten reagieren auf Kreise, Dreiecke, etc. Die höchsten Schichten reagieren auf Buchstaben.

## 3.6 Comparator-Netz

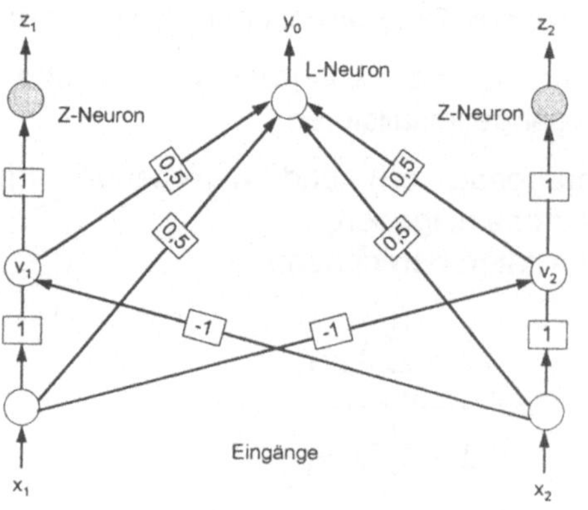


**Bild 3.8:** Comparator-Netz zur Bestimmung des maximalen Wertes zweier Eingänge

Das Netz besteht aus Neuronen mit linearen Kennlinien (L-Neuronen) und Neuronen mit Zweipunkt-Kennlinien (Z-Neuronen). Es funktioniert wie ein Comparator, der aus n Eingängen einen maximalen Eingang selektiert.

Voraussetzung ist, daß nur ein Z-Ausgangsneuron $z_1$ oder $z_2$ (im Bild 3.8 schraffiert gezeigt) aktiv sein darf ($z_i$ = 1). Dieses aktive Neuron i entspricht dem Eingangsneuron i mit dem maximalen Wert.

Das L-Ausgangsneuron $y_0$ berechnet den Mittelwert der Eingänge.

**Tabelle 3.5:** Merkmale eines Comparator-Netzes

| *Netzmerkmale* | *Beschreibung* | *Abschn.* |
|---|---|---|
| Netzfunktion | Optimisator, Comparator | 2.1 |
| Struktur | mit L- und Z-Neuronen | 2.1 |
| Signalübertragung | vorwärts | 2.1 |
| Fehlerübertragung | keine | 2.1 |
| Statische Kennlinie | Lineare L1 mit k =1 und Zweipunkt Z2-Kennlinie | 2.2 |
| Lernverfahren | konstante Gewichte, nichtiterativ | 2.3 |
| Verfasser | T.Martin, 1970 | 2.4 |
| Literatur | [33, S.5-23] | 7 |

**Algorithmus:** Comparator-Netz

Die Programmschritte:

1) Schwellenwerte $\theta_i$ eingeben
2) Gewichte der L-Neuronen als W = 0,5 eingeben;

   Gewichte der Z-Neuronen eingeben: $W_{ij}$ = 1, wenn i = j ist, sonst $W_{ij}$ = -1
3) Eingänge $x_i$ eingeben
4) Aktivitäten berechnen:

$$\alpha_j = \sum_{i=1}^{n} W_{ij} \cdot x_i$$

5) Ausgänge der L-Neuronen nach der lineare Kennlinie L1 mit k = 1 berechnen: $v_j = k \cdot \alpha_j = \alpha_j$ und $y_0 = \alpha_0$

6) Ausgänge der Z-Neuronen nach der Zweipunkt-Kennlinie Z2 berechnen, d.h. $z_i = +1$, wenn $\alpha_j > \theta$ ist und $z_i = -1$, wenn $\alpha_j \leq \theta$ ist

7) Ergebnisse ablesen:

- das aktivierte Z-Ausgangsneuron mit $z_i = +1$ entspricht dem Eingangsneuron i mit maximalen Wert $x_i = max$
- der Ausgang des L-Neurons $y_0$ ist gleich dem Mittelwert der Eingänge

$$y_0 = \sum_{i=1}^{n} W \cdot x_i + \sum_{i=1}^{n} W \cdot v_i = \frac{1}{n} \cdot \sum_{i=1}^{n} x_i$$

**Beispiel:** Comparator-Modul mit 2 Eingängen

Gegeben sind die Gewichte nach dem Bild 3.8.

- Eingänge n = 2; L-Neuronen $m_L = 1$; Z-Neuronen $m_z = 2$
- verdeckte Neuronen $n_1 = 2$ Schwellenwert $\theta = 0$
- Arbeitsdatei $(x_1, x_2) = (1{,}5;\ 1{,}0)$

Die Funktionsweise des Netzes ist unten erklärt:

⇒ *Schritte 1-2.* Gewichte und den Schwellenwert eingeben

⇒ *Schritt 3.* Eingänge eingeben: $x_1 = 1{,}5$ und $x_2 = 1{,}0$

⇒ *Schritte 4-5.* Verdeckte Neuronen:

$v_1 = 1 \cdot x_1 + (-1) \cdot x_2 = +0{,}5$

$v_2 = (-1) \cdot x_1 + 1 \cdot x_2 = -0{,}5$

⇒ *Schritt 6.* Z- und L- Ausgangsneuronen:

$\alpha_1 = 1 \cdot v_1 = 0{,}5 > 0$, damit $z_1 = +1$ ist (maximaler Wert)

$\alpha_2 = 1 \cdot v_2 = -0{,}5 < 0$, damit $z_2 = -1$ ist

$y_0 = (0{,}5) \cdot v_1 + (0{,}5) \cdot v_2 + (0{,}5) \cdot x_1 + (0{,}5) \cdot x_2 = 1{,}25$ (Mittelwert)

**Beispiel:** Comparator-Netz mit 8 Eingängen

Gegeben sind Gewichte nach dem Bild 3.9.

- Eingänge n = 8;
- L-Ausgänge $m_L = 1$;
- Z-Ausgänge $m_z = 8$;
- Verdeckte Neuronen $n_1 = 34$
- $\theta = 2{,}5$ für Z-Ausgangsneuronen, sonst $\theta = 0$
- Arbeitsdatei $(x_1, x_2, x_3, \ldots x_8) = (1\ 0\ 3\ 1\ -1\ 1\ 0\ 2)$

Die Ergebnisse sind dem Bild 3.9 zu entnehmen.

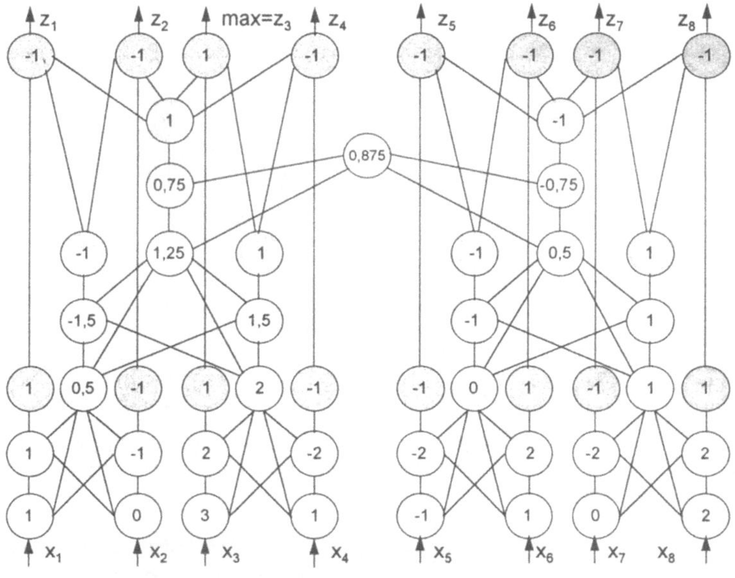


**Bild 3.9:** Comparator-Netz mit 8 Eingängen

Der Ausgang des L-Neurons ist gleich dem Mittelwert 0,875 der Eingänge. Der Ausgang des Z-Neurons $z_3$ entspricht dem Eingangsneuron 3 mit dem maximalen Wert $x_3 = 3$.

## 3.7 Backpropagation

**Bild 3.10:** Strukturbild eines KNN mit n-Eingängen, m-Ausgängen und 2 verdeckten Schichten

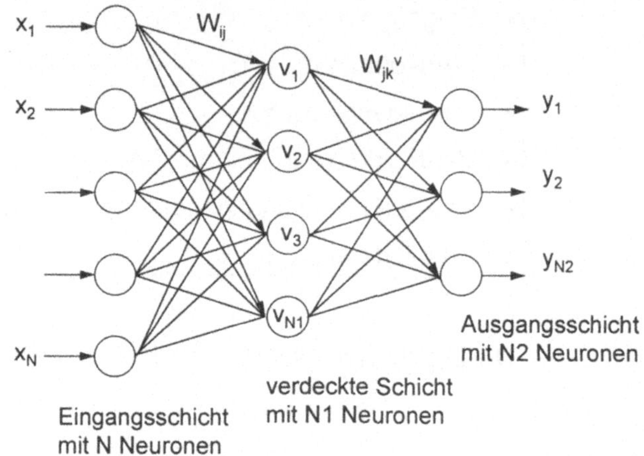


**Tabelle 3.6:** Merkmale eines Backpropagation Netzes

| *Netzmerkmale* | *Beschreibung* | *Abschn.* |
|---|---|---|
| Netzfunktion | Klassifikator | 2.1 |
| Struktur | mit verdeckten Neuronen | 2.1 |
| Signalübertragung | vorwärts | 2.1 |
| Fehlerübertragung | rückwärts | 2.1 |
| Statische Kennlinie | Linear, Zweipunkt, Sigmoid | 2.2 |
| Lernverfahren | überwacht, iterativ | 2.3 |
| Verfasser | D.Rumelhart/P.Werbos, 1974 | 2.4 |
| Literatur | [8, 10, 18, 21, 38, 47, 52 - 55] | 7 |

Die Backpropagation ist das meist verbreitete Verfahren der Fehlerrückführung. Seit wenigen Jahren existieren einige Modifikationen dieses Verfahrens, wie Quickpropagation und resilient Propagation [52] oder radialen Basisfunktionen (Radial-Basis-Function Networks) [18, 52].

Das Backpropagation-Netz besteht wie das Perzeptron aus Schichten mit Eingangs-, Ausgangs- und verdeckten Neuronen (Bild 3.10). Die Signalübertragung erfolgt in Vorwärtsrichtung. Am Ausgang werden der Ist- und der Soll-Wert verglichen. Falls dabei ein Fehler entsteht, wird dieser rückwärts umgerechnet, so daß die Gewichte jeder Schicht entsprechend korrigiert werden. Die Konvergenz des Lernens ist nicht gewährleistet.

**Algorithmus:**
Backpropagation nach dem Bild 3.10

Das Lernen nach der Backpropagation:

1) Gewichte initialisieren
2) Lerndatei mit Neuroneneingänge $x_i$ ( i = 1 bis N) und dem gewünschten Ausgang d für alle Lernmuster M eingeben: $(x_1, x_2, x_N, d)_1, (x_1, x_2, x_N, d)_2, ..(x_1, x_2, x_N, d)_M$

3) Eingangsübertragung in Vorwärtsrichtung berechnen

   3a) verdeckte Schicht (Aktivitäten $\alpha_j$, Ausgänge $v_j$):

$$\alpha_j = \sum_{i=1}^{N} W_{ij} x_i + \theta_j \qquad v_j = f(\alpha_j) \quad j = (1, N_1)$$

   3b) Ausgangsschicht (Aktivitäten $\alpha_k$, Ausgänge $y_k$):

$$\alpha_k = \sum_{j=1}^{N_1} W_{jk}^{v} v_i + \theta_k \qquad y_k = f(\alpha_k) \quad k = (1, N_2)$$

4) Gesamtfehler für alle Lernmuster M berechnen:

$$E = \sum_{p=1}^{M} E_p^2 = \sum_{p=1}^{M} (d_p - y_p)^2$$

5) Gewichts- und Schwellenwertänderung rückführend berechnen:

5a) Ausgangsneuronen:

$$W^{v}_{jk(neu)} = W^{v}_{jk} + \Delta W^{v}_{jk} \qquad \theta_{k(neu)} = \theta_k + \Delta\theta_k$$

$$\Delta W_{jk} = \eta \cdot E_j \cdot x_i \quad \text{mit} \quad E_j = \left(d_j - x_j\right) \cdot x_j \cdot \left(1 - x_j\right)$$

$$\Delta\theta_k = \eta \cdot E_k \cdot \theta_k$$

5b) verdeckte Neuronen:

$$W_{ij(neu)} = W_{ij} + \Delta W_{ij} \qquad \theta_{j(neu)} = \theta_j + \Delta\theta_j$$

$$\Delta W_{ij} = \eta \cdot E^{v}_{i} \cdot x_j \quad \text{mit} \quad E^{v}_{i} = \left(\sum E_k \cdot W_{kj}\right) \cdot x_j \cdot \left(1 - x_j\right)$$

$$\Delta\theta_k = \eta \cdot E^{v}_{i} \cdot \theta_k$$

Damit wird ein Lernschritt beendet.

**Beispiel:** Backpropagation

Gegeben sind folgende Parameter (Bild 3.11):

- Eingänge: N = 1; verdeckte Neuronen: $N_1 = 1$
- Ausgänge: $N_2 = 1$; Anzahl der Muster: M = 2
- Schwellenwerte: $\theta_2 = 0{,}25$; $\theta_3 = -\,0{,}25$
- Lernschrittweite: $\eta = 1$
- Statische Kennlinie: Sigmoide S1-Kennlinie
- Lerndatei $(x_1, d) = (0,1),(1,0)$

**Bild 3.11:** Das Backpropagation-Netz zum Beispiel nach [10, S.148]

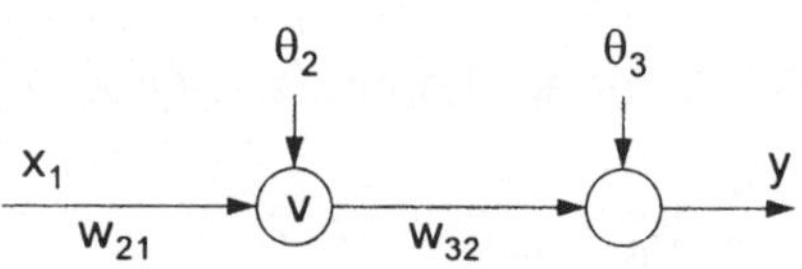


Das Lernen nach der Backpropagation wird an Hand eines Beispiels nach [10, S.148] erklärt (Bild 3.11).

⇒ *Schritt 1.* Gewichte initialisieren: $W_{21} = -2$; $W_{32} = 2$

⇒ *Schritt 2.* Lerndatei eingeben (1.Satz): x = 0; d = 1

⇒ *Schritt 3.* Vorwärts Signalübertragung:

$$\alpha_2 = w_{21} \cdot x \ + \theta_2 = -2 \cdot 0 + 0{,}25 = 0{,}25$$

$$v = \frac{1}{1+e^{-\alpha_2}} = \frac{1}{1+e^{-0{,}25}} = \frac{1}{1{,}7788} = 0{,}5621$$

$$\alpha_3 = w_{32} \cdot v + \theta_3 = 2 \cdot 0{,}5621 - 0{,}25 = 0{,}8742$$

$$y = \frac{1}{1+e^{-\alpha_3}} = \frac{1}{1+e^{-0{,}8742}} = \frac{1}{1{,}4175} = 0{,}7059$$

⇒ *Schritt 3.* Fehler beim Eingang x = 0 berechnen:

⇒ $E_0$ = d - y = 1 - 0,7059 = 0,2941. Die *Schritte 2-4* für das zweite Paar x = 1; d = 0 wiederholen:

$$\alpha_2 = -2 \cdot 1 + 0{,}25 = -1{,}75 \qquad v = \frac{1}{1+e^{-1{,}75}} = \frac{1}{1{,}67618} = 0{,}1478$$

$$\alpha_3 = 2 \cdot 0{,}1478 - 0{,}25 = 0{,}0456$$

$$y = \frac{1}{1+e^{-0{,}0456}} = \frac{1}{1{,}9503} = 0{,}5128$$

Fehler beim Eingang x = 1 ist $E_1$ = d - y = 0 - 0,5128 = 0,4872

Gesamtfehler für beide Eingangsmuster:

$$E = E_0^2 + E_1^2 = 0{,}2941^2 + 0{,}4872^2 = 0{,}3239$$

⇒ *Schritt 5.* Rückwärtsberechnung (Fehlerkorrektur):

$$x = 0 \qquad \Delta W_{32} = \eta \cdot E_3 \cdot v$$

$$E_3 = (d - y) \cdot y \cdot (1 - y) = 0{,}2941 \cdot 0{,}7059 \cdot (1 - 0{,}7059) = 0{,}061$$

$$\Delta W_{32} = E_3 \cdot v = 0{,}061 \cdot 0{,}5621 = 0{,}0343$$

$$\Delta\theta_3 = \eta \cdot E_3 \cdot \theta_3 = 1 \cdot 0{,}061 \cdot 1 = 0{,}061$$

Nach der Korrektur:

$$W_{32(neu)} = W_{32} + \Delta W_{32} = 2 + 0{,}0343 = 2{,}0343$$

$$\theta_{3(neu)} = \theta_3 + \Delta\theta_3 = -0{,}25 + 0{,}061 = -0{,}189$$

$$\Delta W_{21} = \eta \cdot E_2 \cdot x$$
$$E_2 = (E_3 \cdot W_{32}) \cdot v \cdot (1 - v)$$
$$E_3 = (d - y) \cdot y \cdot (1 - y) = E_0 \cdot y \cdot (1 - y)$$
$$\Delta W_{21} = E_0 \cdot y \cdot (1 - y) \cdot W_{32} \cdot v \cdot (1 - v) = 0$$
$$\Delta \theta_2 = \eta \cdot E_2 \cdot \theta_2$$

$$\Delta \theta_2 = E_0 \cdot y \cdot (1 - y) \cdot W_{32} \cdot v \cdot (1 - v) \cdot 1 =$$
$$= 0{,}2941 \cdot 0{,}7059 \cdot (1 - 0{,}7059) \cdot 2{,}0343 \cdot 0{,}5621 \cdot (1 - 0{,}5621) \cdot 1 =$$
$$= 0{,}0306$$

Weiter nach der Korrektur:

$$W_{21(neu)} = W_{21} + \Delta W_{21} = -2 + 0 = -2$$
$$\theta_{2neu} = \theta_2 + \Delta \theta_2 = 0{,}25 + 0{,}0306 = 0{,}2806$$

Diese Lernschritte werden wiederholt, bis der Fehler seinen minimalen Wert erreicht.

## 3.8 Counterpropagation

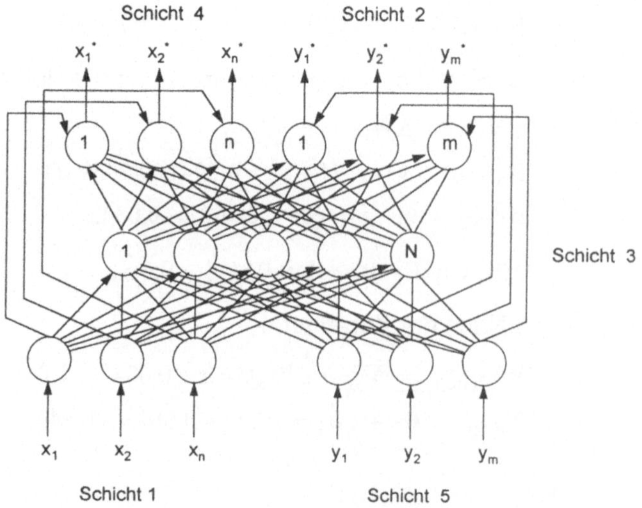

**Bild 3.12:** Strukturbild eines Counterpropagation-Netzes

Das Ziel dieses Netzes ist die Approximierung einer nichtlinearer Funktion $\underline{y}_i = F(\underline{x}_i)+\underline{n}$, wobei $\underline{n}$ das stationäre Rauschen ist. Mit den unterstrichenen Zeichen sind Vektoren bezeichnet.

Das Netz lernt die statistische Funktion $F(\underline{x}_i)$ so zu bestimmen, daß die Wertepaare $(\underline{x}, \underline{y})$ ohne Rauschen generiert werden.

Das Netz besteht aus fünf Schichten (Bild 3.12): 1. und 5. Schicht sind Eingänge, 2. und 4.Schicht sind Ausgänge. Die 3.Schicht besitzt verdeckte Neuronen. Die Signalströme sind eingangs- auf ausgangsseitig spiegelbildlich angeordnet und bilden ein sog. CPN-Modul.

Die Gewichte zwischen den Neuronenschichten sind:

$u_{ij}$ -von der 1. zur 3.Schicht; $v_{ij}$ -von der 5. zur 3. Schicht; $W_{ij}$ -von der 3. zur 2.Schicht; $w_{ij}$ - von der 3. zur 4. Schicht.

**Tabelle 3.7:** Merkmale eines Counter-propagation-Netzes

| *Netzmerkmale* | *Beschreibung* | *Abschnitt* |
|---|---|---|
| Netzfunktion | Klassifikator | 2.1 |
| Struktur | 5 Schichten (CPN-Modul) | 2.1 |
| Signalübertragung | vorwärts und rückwärts | 2.1 |
| Fehlerübertragung | vorwärts und rückwärts | 2.1 |
| Statische Kennlinie | Linear L1 mit k=1 | 2.2 |
| Lernverfahren | unüberwacht, iterativ | 2.3 |
| Verfasser | R.Hecht-Nielsen, 1986 | 2.4 |
| Literatur | [27, 49, 52] | 7 |

**Algorithmus:** Counter-propagation

Die Reihenfolge der Programmschritte:

1) Gewichte $u_{ij} = v_{ij} = 1$, $W_{ij}$, $w_{ij}$ initialisieren

2) Eingänge der 1. und 5.Schicht $x_1,..x_n$, $y_1,..y_m$ eingeben

3) Eingänge der Neuronen der 3.Schicht berechnen:

$$I_j = \sum_{j=1}^{n} u_{ij} \cdot x_j + \sum_{j=1}^{m} v_{ij} \cdot y_j = \underline{u_i} \cdot \underline{x} + \underline{v_i} \cdot \underline{y}$$

4) Neuron j mit dem maximalen Wert $I_j$ = max selektieren und seinen Ausgang $z_i$ aktivieren, d.h. $z_i = 1$, für die anderen Neuronen der 3.Schicht $z_i = 0$ setzen.

Die Korrelation zwischen den Eingängen x und y ist für das aktive Neuron maximal, für alle anderen Neuronen gibt es keine Korrelation.

Da auch weiterhin nur maximale Werte übertragen werden, wird am Ausgang ein Paar ($\underline{x}$, $\underline{y}$) mit maximaler Korrelation generiert.

5) Ausgänge der Neuronen der 2. und 4.Schicht nach folgender Formel berechnen:

$$y_i' = \sum_{j=1}^{m} W_{ij} \cdot z_j \qquad x_i' = \sum_{j=1}^{n} w_{ij} \cdot z_j$$

6) Gewichte korrigieren (a, b, $\alpha$ und $\beta$ sind Konstanten):

$$W_{ij(neu)} = (-a \cdot W_{ij} + b \cdot y_i) \cdot z_i \qquad u_{i(neu)} = \alpha \cdot (x_i - u_i) \cdot z_i$$

$$w_{ij(neu)} = (-a \cdot w_{ij} + b \cdot y_i) \cdot z_i \qquad v_{i(neu)} = \beta \cdot (y_i - v_i) \cdot z_i$$

7) Punkte 2) bis 6) für die nächsten Eingangsvektoren ($\underline{x}$, $\underline{y}$) solange wiederholen, bis das Netz zu einem stabilen Zustand konvergiert.

In diesem Zustand wird das Netz für jedes Eingangspaar der Vektoren ($\underline{x}$, $\underline{y}$) so ein Paar ($\underline{x}'$,$\underline{y}'$) generieren, daß die Korrelation zwischen x und y dem minimalen quadratischen Fehler entspricht.

Damit wird die Funktion $\underline{y}' = F(\underline{x}')$ ohne Rauschen gebildet.

# 3.9 Querpropagation

**Bild 3.13:** Prinzipskizze eines Netzes mit Neuronen $x_i$ und Antineuronen $a_i$

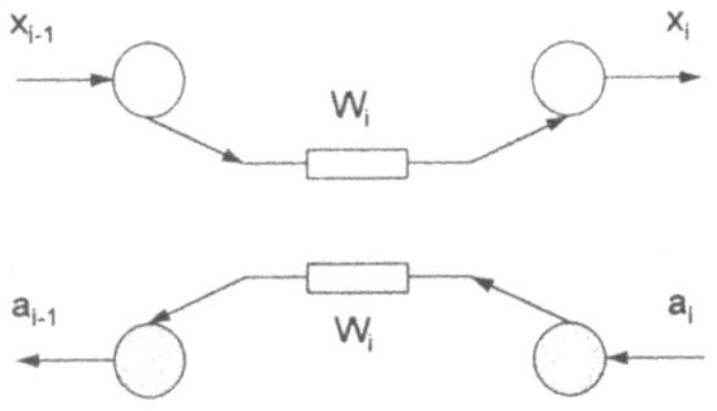


Das Netz besteht aus Neuronen $x_i$ und Antineuronen $a_i$ mit gleichen Gewichten $W_i$, die jedoch ihre Eingangssignale in Gegenrichtung übertragen.

**Tabelle 3.8:** Merkmale eines Netzes mit Antineuronen

| *Netzmerkmale* | *Beschreibung* | *Abschnitt* |
|---|---|---|
| Netzfunktion | Optimisator | 2.1 |
| Struktur | mit Antineuronen | 2.1 |
| Signalübertragung | vorwärts, rückwärts | 2.1 |
| Fehlerübertragung | in Querrichtung | 2.1 |
| Statische Kennlinie | Linear L1 | 2.2 |
| Lernverfahren | überwacht, nichtiterativ | 2.3 |
| Verfasser | S.Zakharian, 1990 | 2.4 |
| Literatur | [58] | 7 |

Jedes Neuron/Antineuron-Paar wird durch das Signalverhalten $x_i = W_i \cdot x_{i-1}$ und $a_i = W_i \cdot a_{i-1}$ sowie durch die sog. Energie definiert: $E_{i-1} = a_{i-1} \cdot x_{i-1}$ und $E_i = a_i \cdot x_i$ . Damit werden die Signale nicht nur in Vorwärts- und Rückwärtsrichtung, sondern auch in Querrichtung übertragen (Signale $z^{k-1}$ und $z^k$ im Bild 3.14).

Die Querpropagation basiert auf folgenden Eigenschaften:

- Kompression: Jedes Neuron/Antineuron-Paar läßt sich durch die Energiewerte $e_{i-1}=(\underline{a}_{i-1})^T \cdot \underline{x}_{i-1}$ und $e_i = (\underline{a}_i)^T \cdot \underline{x}_i$ ersetzen. Unter bestimmten Bedingungen ist auch die Rücktransformation von Skalarwerten $e_{i-1}$, $e_i$ in Vektoren $\underline{a}_{i-1}$, $\underline{x}_{i-1}$, $\underline{a}_i$, $\underline{x}_i$ möglich.

- Energiebilanz: Die Gesamtenergie des Netzes E, die sich aus den Einzelenergien jedes Paares $e_i$ zusammensetzt (Bild 3.14)

$$E = \sum_{i=1}^{n} e_i = \sum_{i=1}^{n} (a_i^k)^T \cdot x_i^k ,$$

erreicht für „gelernte" Netzzustände ihre Minima.

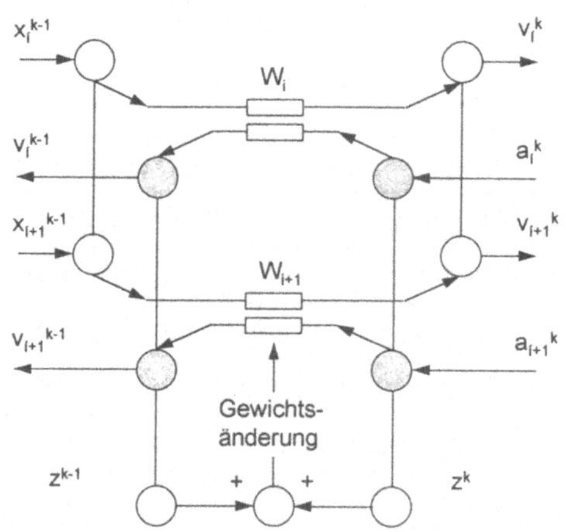


**Bild 3.14:** Funktionsweise eines Netzes mit Querpropagation

**Algorithmus:** Querpropagation

Das Lernverfahren besteht aus der Berechnung der Ist-Gewichte nach den gegebenen Soll-Gewichten (Abschnitt 2.3.7) und wird nach folgenden Schritten durchgeführt:

1) Gewichte initialisieren, die Soll-Gewichtsmatrix $W_{soll} = W^k$ und $W_{ist} = W^{k+1}$ mit Elementen $W_{ij}$ eingeben
2) Eingänge der Neuronen (Vektoren $x^{k-1}$) und der Antineuronen (Vektoren $a^k$) eingeben
3) Ausgänge der verdeckten Neuronen der 1.Schicht (Matrix $v^k = x^k$) und Ausgänge der verdeckten Antineuronen (Matrix $v^{k-1} = a^{k-1}$) berechnen
4) Ausgänge der verdeckten Neuronen der 2.Schicht (Vektoren $Y_1^{k-1}$ und $Y_2^{\ k}$) berechnen

5) Gesamtenergie (Skalarwerte $z^{k-1}$ und $z^k$) berechnen

6) Ist-Gewichtsmatrix eingeben, nach Punkten 2) bis 5) komprimieren und Gesamtenergie ($z^k$ und $z^{k+1}$) des Ist-Zustandes berechnen

7) Fehler $\Delta z$ zwischen den $z^{k-1}$ und $z^{k+1}$ berechnen

8) Gewicht $W_{ij}$ mit der Größe $\Delta W_{ij}$ korrigieren:

$$\Delta W_{ij}^k = \frac{\Delta z}{a_i^k \cdot x_j^{k-1}}$$

Damit paßt sich das Netz mit Antineuronen neuen Ist-Gewichten schneller an als andere vergleichbare Verfahren [23]. Die Rechenzeit und der Speicherbedarf werden dabei wesentlich vermindert [58].

**Beispiel:** Querpropagation

Gegeben sind folgende Parameter:

- Eingänge der Neuronen $n_n = 9$, der Antineuronen $n_a = 6$
- Statische Kennlinie: Lineare L1-Kennlinie

Soll-Gewichtsmatrix $W_{soll}$ ist unten gegeben:

$$\begin{vmatrix} 2{,}4 & 4{,}4 & 5{,}2 & 4{,}8 & 4{,}8 & 2{,}0 & 3{,}6 & 3{,}6 & 2{,}4 \\ 5{,}6 & 4{,}8 & 4{,}0 & 5{,}6 & 3{,}2 & 5{,}6 & 5{,}6 & 4{,}0 & 4{,}0 \\ 4{,}4 & 4{,}8 & 4{,}8 & 4{,}4 & 3{,}6 & 3{,}2 & 2{,}4 & 4{,}8 & 4{,}0 \\ 3{,}6 & 2{,}0 & 4{,}8 & 4{,}0 & 4{,}0 & 4{,}8 & 4{,}4 & 2{,}8 & 3{,}6 \\ 2{,}4 & 3{,}6 & 2{,}0 & 3{,}2 & 4{,}0 & 5{,}6 & 2{,}8 & 4{,}4 & 5{,}6 \\ 3{,}2 & 5{,}2 & 4{,}8 & 5{,}6 & 3{,}2 & 3{,}6 & 3{,}6 & 4{,}8 & 2{,}8 \end{vmatrix}$$

Gezeigt wird die Funktionsweise der Querpropagation.

⇒ *Schritte 1-2:* Soll-Matrix $W_{soll}$ und Eingangsvektoren eingeben: $\underline{x}^0 = (1\ 2\ 3\ 4\ 5\ 6\ 7\ 8\ 9)$ und $\underline{a}^1 = (6\ 5\ 4\ 3\ 2\ 1)$

⇒ *Schritt 3:* Verdeckten Neuronen und Antineuronen der 1.Schicht berechnen:

$$v_{soll}^1 = \begin{vmatrix} 26,8 & 55,2 & 75,6 \\ 27,2 & 72,0 & 107,2 \\ 28,4 & 54,8 & 91,2 \\ 22,0 & 64,8 & 85,6 \\ 15,6 & 66,4 & 105,2 \\ 28,0 & 60,0 & 88,8 \end{vmatrix}$$

$$v_{soll}^0 = \begin{vmatrix} 60,0 & 69,6 & 70,4 & 74,4 & 59,2 & 52,8 & 59,2 & 60,8 & 50,4 \\ 18,8 & 18,4 & 23,2 & 24,0 & 23,2 & 29,2 & 22,4 & 22,0 & 24,8 \end{vmatrix}$$

⇒ *Schritt 4:* Verdeckte Neuronen der 2.Schicht berechnen

$Y_{soll}^0 = (2675,2 \quad 1068,4)$; $Y_{soll}^1 = (535,6 \quad 1297,6 \quad 1910,4)$

⇒ *Schritt 5:* Gesamtenergie (Skalarwerte $z^{k-1}$ und $z^k$) berechnen: $z_{soll}^{k-1} = z_{soll}^k = 3743,6$

Nun ändert sich das Element $W_{45}$ der Gewichtsmatrix: $W_{45neu} = 4,3$.

⇒ *Schritt 6:* Ist-Gewichtsmatrix eingeben, die Gesamtenergie des Ist-Zustandes für $x^0$ und $a^1$ berechnen:

$$v_{ist}^1 = \begin{vmatrix} 26,8 & 55,2 & 75,6 \\ 27,2 & 72,0 & 107,2 \\ 28,4 & 54,8 & 91,2 \\ 22,0 & \mathbf{66,3} & 85,6 \\ 15,6 & 66,4 & 105,2 \\ 28,0 & 60,0 & 88,8 \end{vmatrix}$$

$V_{ist}^{0} =$

$$\begin{vmatrix} 60{,}0 & 69{,}6 & 70{,}4 & 74{,}4 & 59{,}2 & 52{,}8 & 59{,}2 & 60{,}8 & 50{,}4 \\ 18{,}8 & 18{,}4 & 23{,}2 & 24{,}0 & \mathbf{24{,}1} & 29{,}2 & 22{,}4 & 22{,}0 & 24{,}8 \end{vmatrix}$$

Verdeckte Neuronen der 2.Schicht sind

$Y_{ist}^{0}$ = (2675,2 **1072,9**) $Y_{ist}^{1}$ = (535,6 **1302,1** 1910,4)

$z_{ist}$ = **3748,1**

⇒ *Schritt 7*: Fehler ist $\Delta z$ = 3748,1 - 3743,6 = 4,5. Aus dem weiteren Vergleich ergibt sich die Blocknummer des Elements $w_{45}$ und die Abweichung:

$$\Delta W_{45} = \frac{4{,}5}{3 \cdot 5} = 0{,}3$$

⇒ *Schritt 8*: Gewicht $W_{45}$ mit der Größe $\Delta W_{45}$ korrigieren:

$$\Delta W_{ij}^{k} = \frac{\Delta z}{a_i^k \cdot x_j^{k-1}}$$

$$W_{45(neu)} = W_{45(ist)} + \Delta W_{45} = 4{,}0 + 0{,}3 = 4{,}3$$

Ein trainiertes Netz mit Antineuronen kann für unterschiedliche Zwecke benutzt werden, wie die Lösung von Differentialgleichungssystemen, Datenkompression, Datensicherung oder die Handschriftlesung bei der Belegerfassung.

Für die Erkennung von 10 Eingabemustern (Ziffern) wird, z.B. eine 160 x 160 Pixel-Muster-Datei stufenweise bis zu den Skalarwerten $z_1$ und $z_2$ reduziert. Die Klassifizierung und Erkennung erfolgt mit Hilfe von 5 Kriterien.

Eine Erprobung des Algorithmus für 160 Testdateien zeigte, daß die Erkennungsrate 90% erreicht. Die Rechenzeit sowie der Speicherbedarf werden dabei wesentlich verringert.

## 3.10 Hopfield-Netz

**Bild 3.15:** Strukturbild eines symmetrischen Hopfield-Netzes mit 3 x 3 = 9 Neuronen

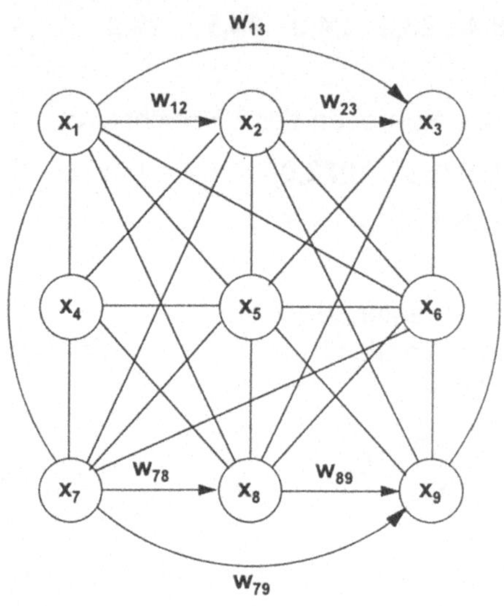


**Tabelle 3.9:** Merkmale eines Hopfield-Netzes

| *Netzmerkmale* | *Beschreibung* | *Absch.* |
|---|---|---|
| Netzfunktion | Optimisator, Klassifikator, Assoziativer Speicher | 2.1 |
| Struktur | rückgekoppeltes Netz | 2.1 |
| Signalübertragung | asynchron über alle Neuronen | 2.1 |
| Fehlerübertragung | keine | 2.1 |
| Statische Kennlinie | Zweipunkt Z1, Z2 oder Sigmoid | 2.2 |
| Lernverfahren | überwachtes, iterativ | 2.3 |
| Verfasser | J.Hopfield, 1982 | 2.4 |
| Literatur | [7, 8, 20, 21, 27], [33, S.142-146], [49, 52, 54] | 7 |

Alle n Neuronen sind vollständig miteinander verbunden (Bild 3.15). Die Gewichte sind symmetrisch $W_{ij} = W_{ji}$ aufgebaut. Wenn i = j ist, gilt $W_{ii} = 0$.

Ein wichtiges Netzmerkmal ist die sog. Energie E, die als Produkt von Neuronenwerten und Gewichten bezeichnet wird.

In der Lernphase werden an das Netz hintereinander alle M zu lernenden Muster $(x_1\ x_n)^1$, ...$(x_1\ x_n)^M$ angelegt und damit eine Gewichtsmatrix W gebildet. Jedem Muster entspricht ein Energiewert. Das läßt die Muster nach den Energiewerten klassifizieren und später erkennen.

In der Erkennungsphase wird dem Netz ein verrauschtes Muster eingegeben. Aus dem Anfangszustand berechnet das Netz nach bestimmten Regeln die Folgezustände, bis es zu einem stabilen Zustand konvergiert. Die Netzenergie E ist in diesem Zustand minimal und entspricht dem gelernten Energiewert.

Das Hopfield-Netz ist einfach, besitzt aber folgende Nachteile:

a) Die Konvergenz des Netzes ist nicht gewährleistet

b) Das Netz kann nur eine begrenzte Anzahl von Mustern erkennen: es soll $M < 0{,}15 \cdot n$ sein, wobei M die Zahl der Muster und n die Neuronenanzahl ist.

c) Das Netz konvergiert nur für die Muster, die keine gravierenden Ähnlichkeiten aufweisen.

d) Die veränderte Position eines unverrauschten, untrainierten Musters wird nicht erkannt

**Algorithmus:**
Hopfield-Netz

Die Funktionsweise des symmetrischen Hopfield-Netzes:

1) Lernen.

1a) Muster eingeben: $\underline{x}^1 = (x_1\ x_2\ \ x_n)^1$,... $\underline{x}^M = (x_1\ x_2\ \ x_n)^M$

1b) Elemente der Gewichtsmatrix berechnen ($W_{ij}^k = 0$ für i=j):

$$W_{ij}^k = \sum_{k=1}^{M} (x_i^k \cdot x_j^k) \qquad i \neq j$$

2) Energie jedes Musters aufgrund aktueller $x_i(t+1)$ und vorheriger $x_i(t)$ Zustände und zwar nur für aktive Neuronen mit $x_i = 1$ nach folgender Formel berechnen:

$$E = -\frac{1}{2} \cdot \sum_{i=1}^{n} x_i(t+1) \cdot \sum_{j=1}^{n} W_{ij} \cdot x_j(t)$$

3) Erkennen.

3a) i.Muster $x^i$ mit Rauschen r eingeben: $x_i(t) = x^i + r$

3b) Aktivierungswerte $\alpha$ berechnen

$$\alpha = \sum_{i=1}^{n} W_{ij} \cdot x_i(t)$$

4) Iterationen bis zum Erreichen eines stabilen Zustandes durchführen, d.h. neue Werte der Neuronen nach der Zweipunkt Z2-Kennlinie $x_i(t+1) = f(\alpha)$ setzen:

$x_i(t+1) = +1$ für $\alpha > 0$

$x_i(t+1) = -1$ für $\alpha < 0$

$x_i(t+1) = x_i(t)$ für $\alpha = 0$ (keine Änderung)

**Beispiel:**
Hopfield-Netz

Gegeben sind folgende Parameter:

- Zahl der Neuronen: n; Zahl der Lernmuster: M
- Schwellenwert $\theta = 2$
- Statische Kennlinie: Zweipunkt Z2-Kennlinie

Lerndatei 1.Mustervektor $\underline{x}^1 = (+1,-1,-1,+1,-1,-1,+1,+1,+1)$

2.Mustervektor $\underline{x}^2 = (-1,-1,+1,-1,+1,-1,+1,-1,-1)$

Gezeigt wird die Funktionsweise des Hopfield-Netzes:

⇒ *Schritt 1.* Lernen:

$W_{11} = 0$ für i = j

$W_{12} = (+1)\cdot(-1)+(-1)\cdot(-1) = 0$

$W_{13} = (+1)\cdot(-1)+(-1)\cdot(+1) = -2$

$W_{14} = (+1)\cdot(+1)+(-1)\cdot(-1) = +2$

$W_{15} = (+1)\cdot(-1)+(-1)\cdot(+1) = -2$

$W_{16} = (+1)\cdot(-1)+(-1)\cdot(-1) = \ 0$

Gewichtsmatrix für 2 gelernte Muster:

$$W^{1,2} = \begin{bmatrix} 0 & 0 & -2 & 2 & -2 & 0 & 0 & 2 & 2 \\ 0 & 0 & 0 & 0 & 0 & 2 & -2 & 0 & 0 \\ -2 & 0 & 0 & -2 & 2 & 0 & 0 & -2 & -2 \\ 2 & 0 & -2 & 0 & -2 & 0 & 0 & 2 & 2 \\ -2 & 0 & 2 & -2 & 0 & 0 & 0 & -2 & -2 \\ 0 & 2 & 0 & 0 & 0 & 0 & -2 & 0 & 0 \\ 0 & -2 & 0 & 0 & 0 & -2 & 0 & 0 & 0 \\ 2 & 0 & -2 & 2 & -2 & 0 & 0 & 0 & 2 \\ 2 & 0 & -2 & 2 & -2 & 0 & 0 & 2 & 0 \end{bmatrix}$$

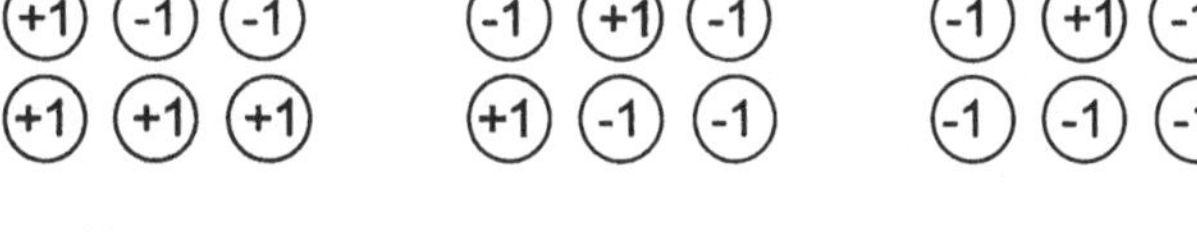


**Bild 3.16:** Gelernte Muster sowie verrauschte Muster für das Beispiel Hopfield-Netz

Die beiden Muster 1 und 2 sind im Bild 3.16 gezeigt.

⇒ *Schritt* 2. Energie des 1.Musters berechnen:

$E^1 = -0{,}5\cdot[x_1\cdot(W_{13}\cdot x_3 + W_{14}\cdot x_4 + W_{15}\cdot x_5 + W_{18}\cdot x_8 + W_{19}\cdot x_9) +$

$+ x_4\cdot(W_{41}\cdot x_1 + W_{43}\cdot x_3 + W_{45}\cdot x_5 + W_{48}\cdot x_8 + W_{49}\cdot x_9) + x_7\cdot(W_{72}\cdot x_2 +$

$+ W_{76}\cdot x_6) + x_8\cdot(W_{81}\cdot x_1 + W_{83}\cdot x_3 + W_{84}\cdot x_4 + W_{85}\cdot x_5 + W_{89}\cdot x_9) +$

$+ x_9\cdot(W_{91}\cdot x_1 + W_{93}\cdot x_3 + W_{94}\cdot x_4 + W_{95}\cdot x_5 + W_{98}\cdot x_8)]$

$E_1^1 = -0{,}5\cdot[(-2)\cdot(-1)+(2)\cdot(1)+(-2)\cdot(-1)+(2)\cdot(1)+(2)\cdot(1)] = -5$

$E_4^1 = -0{,}5\cdot[(2)\cdot(1)+(-2)\cdot(-1)+(-2)\cdot(-1)+(2)\cdot(1)+(2)\cdot(1)] = -5$

$E_7^1 = -0{,}5\cdot[(-2)\cdot(-1)+(-2)\cdot(-1)] = -2$

$E_8^1 = -0{,}5\cdot[(2)\cdot(1)+(-2)\cdot(-1)+(2)\cdot(1)+(-2)\cdot(-1)+(2)\cdot(1)] = -5$

$E_9^1 = -0{,}5\cdot[(2)\cdot(1)+(-2)\cdot(-1)+(2)\cdot(1)+(-2)\cdot(-1)+(2)\cdot(1)] = -5$

Damit ergibt sich für das 1.Muster:

$E^1 = x_1\cdot E_1^1 + x_4\cdot E_4^1 + x_7\cdot E_7^1 + x_8\cdot E_8^1 + x_9\cdot E_9^1 = -22$. Genauso ist die Energie des 2.Musters zu berechnen: $E^2 = -12$.

⇒ *Schritt 3:* Erkennen (Iterationen). Dem Netz wird das verrauschte Muster 2 (Rauschen = 1 Bit) eingegeben (Bild 3.16): $\underline{x}^3 = (-1,-1,+1,-1,+1,-1,\mathbf{-1},-1,-1)$.

Die Energie dieses Musters ist $E^3 = -12$.

Die Aktivierungswerte und die neuen Neuronenzustände:

$\alpha^3_1 = W_{11}\cdot x^3_1(t) + W_{21}\cdot x^3_2(t) + \ldots + W_{91}\cdot x^3_9(t) = 0\cdot(-1)+0\cdot(-1)+$
$+(-2)\cdot 1+2\cdot(-1)+(-2)\cdot 1+0\cdot(-1)+0\cdot(-1)+2\cdot(-1)+2\cdot(-1) = -10 < 0$

Da $\alpha^3_1 < 0$ ist, wird der neue Zustand $x^3_1(t+1) = -1$

$\alpha^3_2 = W_{12}\cdot x^3_1(t) + W_{22}\cdot x^3_2(t) + \ldots + W_{92}\cdot x^3_9(t) = 2\cdot(-1)+(-2)\cdot(-1)$
Da $\alpha^3_2 = 0$ ist, wird der Zustand nicht geändert $x^3_2(t+1) = -1$

$\alpha^3_3 = W_{13}\cdot x^3_1(t) + W_{23}\cdot x^3_2(t) + \ldots + W_{93}\cdot x^3_9(t) = (-2)\cdot(-1)+$
$+(-2)\cdot(-1)+2\cdot 1+(-2)\cdot(-1)+(-2)\cdot(-1) = 10 > 0$ und $x^3_3(t+1) = +1$

Die Zustände nach der 1.Iteration sind unten gezeigt:

| | | |
|---|---|---|
| $\alpha^3_1 = -10$<br>$x^3_1(t+1) = -1$ | $\alpha^3_{12} = 0$<br>$x^3_3(t+1) = -1$ | **$\alpha^3_3 = 10$**<br>**$x^3_3(t+1) = 1$** |
| $\alpha^3_4 = -10$<br>$x^3_4(t+1) = -1$ | **$\alpha^3_5 = 10$**<br>**$x^3_5(t+1) = 1$** | $\alpha^3_6 = 0$<br>$x^3_6(t+1) = x^3_6(t) = -1$ |
| **$\alpha^3_7 = 4$**<br>**$x^3_7(t+1) = 1$** | $\alpha^3_8 = -10$<br>$x^3_8(t+1) = -1$ | $\alpha^3_9 = -10$<br>$x^3_9(t+1) = -1$ |

Damit konvergiert das Netz unmittelbar nach der 1.Iteration zum stabilen Zustand mit der Energie $E^3 = -12$ und „erkennt“ den Eingang als Muster 2.

## 3.11 Hamming-Netz

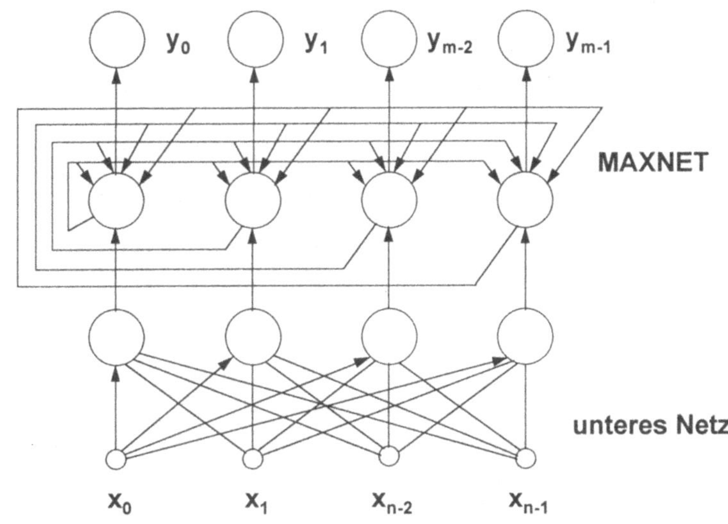


**Bild 3.17:** Strukturbild eines Hamming-Netzes

**Tabelle 3.10:** Merkmale eines Hamming-Netzes

| *Netzmerkmale* | *Beschreibung* | *Abschn.* |
|---|---|---|
| Netzfunktion | Optimisator, Klassifikator | 2.1 |
| Struktur | Zwei Netze | 2.1 |
| Signalübertragung | vorwärts | 2.1 |
| Fehlerübertragung | keine | 2.1 |
| Statische Kennlinie | Lineare L2-Kennlinie mit k=1 | 2.2 |
| Lernverfahren | unüberwacht, iterativ | 2.3 |
| Verfasser | R.P.Lippmann, 1987 | 2.4 |
| Literatur | [18], [33, S.5-23], [47, 49] | 7 |

Der Hamming-Abstand zwischen zwei binären Vektoren stellt die Zahl der Bitstellen mit unterschiedlichen Werten dar. Das Netz wählt für die Muster der gesuchten Klasse den maximalen Hamming-Abstand.

**Beispiel:** Hamming-Abstand

Von den unten gegebenen 4 Vektoren

$x_1 = 1\,0\,0\,1 \quad x_2 = 0\,1\,1\,1 \quad x_3 = 0\,1\,1\,0 \quad x_4 = 1\,0\,1\,1$

sind folgende Paare orthogonal: ($x_1$ und $x_3$), ($x_2$ und $x_4$).

Der Hamming-Abstand zwischen den Vektoren $x_1$ und $x_3$ ist $h_{13} = 4$ und weiterhin $h_{12} = 3$; $h_{14} = 1$.

Die orthogonalen Vektoren sind voneinander um den maximalen Hamming-Abstand entfernt.

Zum Vergleich ist hier der euklidische Abstand zwischen den Vektoren $x_1$ und $x_3$ berechnet:

$$d = \sum_{i=1}^{4} \sqrt{(x_{1i} - x_{3i})^2} = \sqrt{(1-0)^2 + (0-1)^2 + (0-1)^2 + (1-0)^2} = \sqrt{2}$$

Das Hamming-Netz besteht aus zwei Netzen (Bild 3.17): das untere Netz berechnet den Hamming-Abstand der eingegebenen Eingangsmuster $h_{ij}$.

Die Ausgänge dieses Netzes sind $v_i = (n - h_{ij})$, wobei n die Zahl der Neuronen des unteren Netzes ist.

Das untere Netz überträgt diese Signale zum oberen Netz, dem MAXNET, das aus diesen Werten den maximalen Wert selektiert.

Das MAXNET führt solange Iterationen durch, bis alle Ausgänge den Wert Null angenommen haben und nur ein einziger positiver Ausgang bleibt. Dieses Neuron entspricht der Musterklasse mit dem maximalen Hamming- Abstand.

Die Gewichte des unteren Netzes sind mit Kleinbuchstaben $w_{ij}$ bezeichnet. Sie sind proportional zu den Neuronenwerten.

Die Gewichte des MAXNET-Netzes sind mit $W_{kp}$ bezeichnet. Sie entsprechen den Verbindungen des Eingangsneurons $x_k$ zum inneren Neuron $v_p$ und sind konstant ($W_{kp} = 1$ für $k = p$).

Die Schwellenwerte des MAXNET-Netzes sind ebenfalls konstant ($\theta_k = 0$).

Im Vergleich zum Hopfield-Netz nutzt das Hamming-Netz weniger Verbindungen zwischen den Neuronen. Beim

Im Vergleich zum Hopfield-Netz nutzt das Hamming-Netz weniger Verbindungen zwischen den Neuronen. Beim Hopfield-Netz hängt die Zahl der Verbindungen quadratisch von der Neuronenzahl ab. Beim Hamming-Netz ist diese Abhängigkeit linear.

**Algorithmus:**
Hamming-Netz

Die Reihenfolge der Programmschritte:

1) Gewichte und Schwellenwerte initialisieren.

1a) Im unteren Netz (für $0 < i \leq n-1$ und $0 < j \leq M-1$)

$$w_{ij} = \frac{x_i^j}{2}; \quad \theta = \frac{n}{2}$$

1b) Im oberen Netz (für $0 < k \leq M-1$ und $0 < p \leq M-1$) ist $W_{kp} = 1$, wenn k=p; sonst ist $W_{kp} = \varepsilon$, wobei $\varepsilon$ beliebige kleine negative Zahlen annehmen kann.
Die Schwellenwerte des oberen Netzes sind gleich Null.

2) Eingangsmuster eingeben, Ausgänge des unteren Netzes berechnen und dem oberen Netz übergeben:

$$v_j(t) = f\left(\sum_{i=0}^{n-1} W_{ij} \cdot x_i - \theta_j\right) \qquad y_j(t) = v_j(t)$$

3) Iterationen nach folgender Formel solange durchführen, bis nur ein Ausgang positiv bleibt:

$$y_j(t+1) = f\left(y_j(t) - \varepsilon \cdot \sum_{k \neq j} y_k(t)\right)$$

**Beispiel:**
Das Lernen des Hamming-Netzes

> Gegeben sind folgende Parameter:
> - Eingänge: $n = 4$; Ausgänge: $m = 3$
> - Zahl der Muster: $M = 3$
> - Statische Kennlinie: lineare L2-Kennlinie mit $k=1$

⇒ *Schritt 1:* Initialisieren: $w_{ij} = 0{,}5$; $W_{kp} = -0{,}1$; $\theta_i = 2$

⇒ *Schritt 2:* Eingänge eingeben und Ausgänge berechnen:

$\underline{x}_1 = 0\,1\,1\,0$ $\underline{x}_2 = 0\,1\,1\,1$ $\underline{x}_3 = 1\,0\,0\,1$ $\underline{x}_4 = 0\,0\,1\,0$

$v_1(0) = 0$ $v_2(0) = 1$ $v_3(0) = 4$ $v_4(0) = 1$

$$y_1(0) = f\,[(1\cdot 0 + 1\cdot 1 + 1\cdot 4 + 1\cdot 1) - 2] = f\,[4] = 4;$$
$$y_2(0) = f\,[(1\cdot 1 + 1\cdot 0 + 1\cdot 3 + 1\cdot 2) - 2] = f\,[4] = 4$$
$$y_3(0) = f\,[(1\cdot 4 + 1\cdot 3 + 1\cdot 0 + 1\cdot 3) - 2] = f\,[8] = 8$$

⇒ *Schritt 3:* Nach der 1.Iteration:

$$y_1(1) = f\,[\,4 - 0{,}2\cdot(1\cdot 1 + 1\cdot 4 + 1\cdot 1)] = f\,[2{,}8] = 2{,}8$$
$$y_2(1) = f\,[\,4 - 0{,}2\cdot(1\cdot 1 + 1\cdot 3 + 1\cdot 2)] = f\,[2{,}8] = 2{,}8$$
$$y_3(1) = f\,[\,8 - 0{,}2\cdot(1\cdot 4 + 1\cdot 3 + 1\cdot 3)] = f\,[6{,}0] = 6{,}0$$

usw. bis zur 3.Iteration:

$$y_1(3) = f\,[\,1 - 0{,}2\cdot(1\cdot 1 + 1\cdot 4 + 1\cdot 1)] = f\,[-0{,}8] = 0$$
$$y_2(3) = f\,[\,1 - 0{,}2\cdot(1\cdot 1 + 1\cdot 3 + 1\cdot 2)] = f\,[-0{,}8] = 0$$
$$y_3(3) = f\,[\,4 - 0{,}2\cdot(1\cdot 4 + 1\cdot 3 + 1\cdot 3)] = f\,[\,2{,}0] = 2$$

Damit bleibt nur der Ausgang $y_3$ mit dem maximalen Hamming-Abstand aktiv.

Als zweites Beispiel wird das im ([47], S.11-13) beschriebenen Netz betrachtet.

**Beispiel:**
Das Erkennen von Hamming-Netz

Die gegebenen Parameter:

- Eingänge: $n = 4$; Ausgänge: $m = 1$
- Schwellenwert: $\theta_i = 4$
- Statische Kennlinie: lineare L2-Kennlinie mit k=1

Das Netz wird mit den Mustern $\underline{x}_1 = (1\ 0\ 1\ 0)$ der Klasse A und $\underline{x}_2 = (0\ 1\ 0\ 1)$ der Klasse B trainiert.

Nach dem Lernen werden die Gewichte eingestellt:

$W_{11} = 0 \quad W_{21} = -6 \quad W_{31} = 5 \quad W_{41} = 5$

$W_{12} = -6 \quad W_{22} = 0 \quad W_{32} = 5 \quad W_{42} = 5$

Es wird die Antwort des Netzes auf verrauschte Eingänge berechnet.

a) Eingabe: verrauschtes Muster der Klasse A: $\underline{x} = (1\ 0\ 0\ 1)$.

Ausgabe: Aktivierungswerte und Ausgangsneuronen $y_i$:

$\alpha_1 = W_{11}\,x_1 + W_{21}\,x_2 + W_{31}\,x_3 + W_{41}\,x_4 - \theta_1 =$

$= 0{\cdot}1 + (-6){\cdot}0 + 5{\cdot}0 + 5{\cdot}1 - 4 = 1 > 0.$ Damit ist $y_1 = 1$

$\alpha_2 = W_{12}\,x_1 + W_{22}\,x_2 + W_{32}\,x_3 + W_{42}\,x_4 - \theta_2 =$

$= (-6){\cdot}1 + 0{\cdot}0 + 5{\cdot}0 + 5{\cdot}1 - 4 = -5 < 0.$ Damit ist $y_2 = 0$

Das Netz ordnet das Muster der Klasse A zu. Die Erkennung ist korrekt!

b) Eingabe: verrauschtes Muster der Klasse A: $\underline{x} = (1\ 0\ 0\ 0)$.

Ausgabe: Aktivierungswerte und Ausgangsneuronen $y_i$:

$\alpha_1 = 0{\cdot}1 + (-6){\cdot}0 + 5{\cdot}0 + 5{\cdot}\mathbf{0} - 4 = -5 < 0.$ Damit ist $y_1 = 0$

$\alpha_2 = (-6){\cdot}1 + 0{\cdot}0 + 5{\cdot}0 + 5{\cdot}\mathbf{0} - 4 = -10 < 0.$ Damit ist $y_2 = 0$

Das Netz kann das Muster keiner gelernten Klasse zuordnen.

## 3.12 Kohonen-Netz
(Self - Organizing Feauture Maps)

**Bild 3.18:** Strukturbild eines Kohonen-Netzes

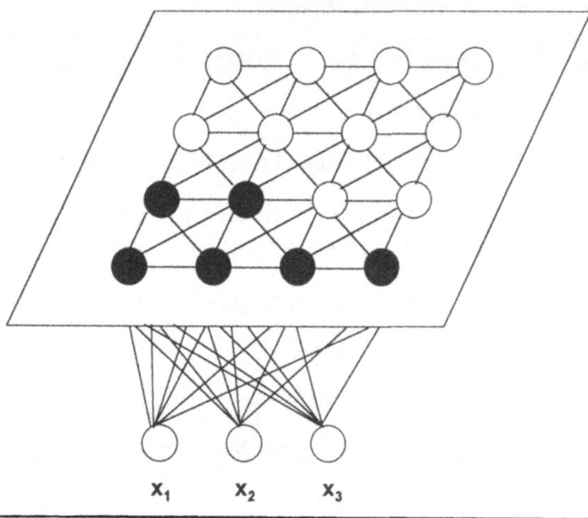


**Tabelle 3.11:** Merkmale eines Kohonen-Netzes

| *Netzmerkmale* | *Beschreibung* | *Abs.* |
|---|---|---|
| Netzfunktion | Klassifikator (Spracherkennung) | 2.1 |
| Struktur | Zweischicht | 2.1 |
| Signalübertragung | vorwärts | 2.1 |
| Fehlerübertragung | keine | 2.1 |
| Statische Kennlinie | Lineare Kennlinie L1 mit k=1 | 2.2 |
| Lernverfahren | Konkurrenzlernen, iterativ, unüberwacht | 2.3.5 |
| Verfasser | T.Kohonen, 1980 | 2.4 |
| Literatur | [7, 8, 33, 37,49, 52 ] | 7 |

Das Netz besteht aus zwei Schichten (Bild 3.18). Die Eingangsneuronen sind mit den Ausgangsneuronen vollständig verbunden. Die Funktionsweise des Netzes ist in [14, S.268] erklärt.

Zu Beginn des Lernprozesses sind verschiedene Ausgänge aktiv (Bild 3.19a).

**Bild 3.19:** Funktionsweise des Kohonen-Netzes nach [14, S.268]

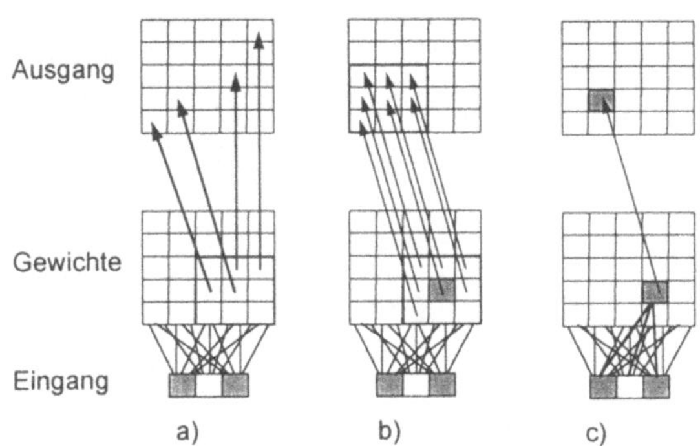


Während der Lernphase werden die Eingabevektoren mittels eines vorgegebenen Abstands mit den Gewichten der Ausgangsneuronen verglichen. Damit kristallisiert sich ein Bereich heraus, der dem Eingang entspricht. Dieser Bereich wird immer enger (Bild 3.19b). Am Ende des Lernprozesses (Bild 3.19c) bleibt nur ein Ausgangsneuron aktiv. Dieses Neuron entspricht dem gegebenen Eingang. Damit wird der Eingabevektor der Klasse zugeordnet, die durch das aktivierte Neuron beschrieben wird.

Während der Arbeitsphase wird das Neuron mit dem minimalsten Abstand aktiviert.

**Algorithmus:** Kohonen- Netz

Das Programm besteht aus folgenden Schritten:

1. Gewichte $W_{ij}(0)$ initialisieren.
2. Eingangsvektor ($x_1$, $x_2$ ) des 1.Muster (i = 1) eingeben.
3. Abstand $\delta_i = (x_i - W_i)^2$ zwischen i-Eingangs- und j-Ausgangsneuronen berechnen.
4. Abstand $d_j$ zwischen den k-Eingangsmustern und den j-Ausgangsneuronen berechnen:

$$d_j = \sum_{j=0}^{N(Ein)} \left(x_i(t) - W_{ij}(t)\right)^2$$

5. Ausgangsneuron mit dem (min $d_j$) - Abstand selektieren

6. Gewichtsänderung für alle i = $N_{(Ein)}$ Eingänge:

   $W_{ij}(t+1) = W_{ij}(t) + \eta \cdot (x_i(t) - W_i(t))$

7. Punkte 2) bis 6) für alle i=M Eingangsmustern wiederholen

**Beispiel:** Kohonen-Netz

Gegeben sind folgende Parameter:

- Eingänge $N_{(Ein)} = 2$  Ausgänge $N_{(Aus)} = 3 \times 3 = 9$
- Anzahl der Eingangsmuster M = 3
- Lernschrittweite  $\eta = 0{,}91$
- Statische Kennlinie: lineare L1-Kennlinie mit k = 1
- Lerndatei $(x_1, x_2,) = (3, 6),(2, 5), (3, 5)$

Gezeigt wird die Funktionsweise des Kohonen-Netzes nach obigen Algorithmus.

Am Anfang sind die Gewichte zufällig verteilte Werte.

Die Gewichte $W_{ij}$, Abstände $d_j$ und die Aktivitäten $y_j$ der Ausgangsneuronen für das erste Muster $x_1 = 3$ und $x_2 = 6$ sind in Tabelle 3.12 gezeigt. Nachdem das Netz das 1.Muster gelernt hat, besitzt das Ausgangsneuron $y_4$ den minimalen Wert $y_4 = 32{,}8$.

**Tabelle 3.12:** Kohonen-Netz nach dem Lernen des 1.Musters

| | | |
|---|---|---|
| y1 = **39,8** | y2 = **38,1** | y3 = **39,2** |
| y4 = **32,8** | y5 = **43,2** | y6 = **38,7** |
| y7 = **40,4** | y8 = **38,8** | y9 = **41,5** |

| | | |
|---|---|---|
| d11=**8,4**<br>w11=**0,1** | d12=**7,8**<br>w12=**0,2** | d13=**6,8**<br>w13=**0,4** |
| d13=**6,8**<br>w13=**0,4** | d14=**8,4**<br>w14=**0,1** | d15=**8,4**<br>w15=**0,1** |
| d17=**9,0**<br>w17=**0,2** | d18=**6,3**<br>w18=**0,5** | d19=**6,8**<br>w19=**0,4** |

Entsprechende Werte der Ausgangsneuronen für das zweite Muster $x_1 = 2$; $x_2 = 5$ und das dritte Muster $x_1 = 3$; $x_2 = 5$ sind in Tabelle 3.13 zusammengefaßt.

**Tabelle 3.13:** Kohonen-Netz nach Eingabe des 2. (oben) und des 3. (unten) Musters

| | | |
|---|---|---|
| y1 = 24,8 | y2 = 23,5 | y3 = 23,8 |
| y4 = 0,79 | **y5 = 0,67** | y6 = 23,9 |
| y7 = 0,71 | y8 = 0,74 | y9 = 26,6 |

| | | |
|---|---|---|
| y1 = 29,6 | y2 = 28,1 | y3 = 28,0 |
| y4 = 0,31 | y5 = 0,61 | y6 = 0,28 |
| **y7 = 0,27** | y8 = 0,67 | y9 = 0,31 |

Der minimale Wert des Ausgangsneurons reduziert sich bis auf $y_7 = 0,27$ für ein komplettes Lernen. Damit ist das Neuron 7 zum Zentrum des Eingangsmusters $x_1 = 3$; $x_2 = 5$ geworden. Das Netzverhalten beim Lernen ist im Bild 3.20 dargestellt: das Neuron mit dem minimalen Wert ist schwarz betont.

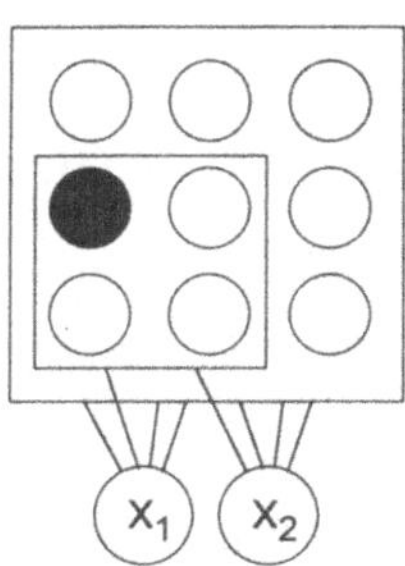

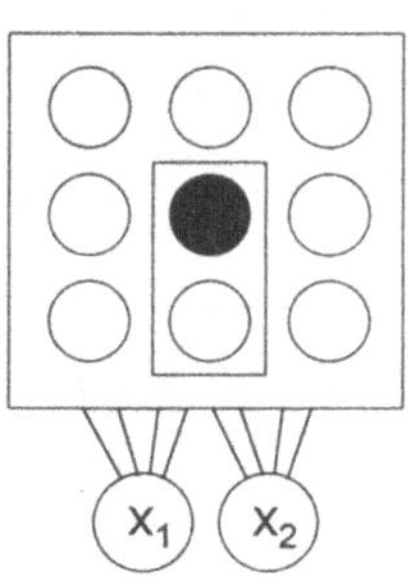

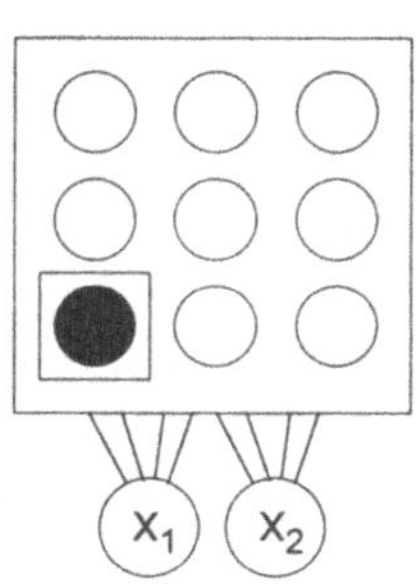


**Bild 3.20:** Beispiel: Das Lernen mit dem Kohonen- Netz

## 3.13 Carpenter / Grossberg-Netz

(Adaptive Resonance Theorie, ART)

**Bild 3.21:** Strukturbild eines rückgekoppelten Netzes nach Carpenter-Grossberg

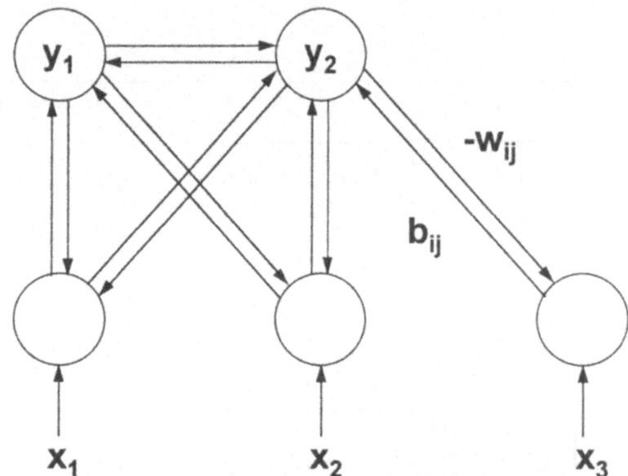


Das Netz besteht aus 2 Schichten (Bild 3.21).

Die N Eingangsneuronen sind mit den M Ausgangsneuronen vollständig verbunden, die wiederum miteinander verbunden sind. Die Gewichte in vorwärtiger Richtung sind mit $b_{ij}$, in rückwärtiger Richtung mit $W_{ij}$ bezeichnet.

**Tabelle 3.14:** Merkmale eines Carpenter/Grossberg- Netzes

| *Netzmerkmale* | *Beschreibung* | *Abs.* |
|---|---|---|
| Netzfunktion | Klassifikator | 2.1 |
| Struktur | Zweischicht mit veränderlicher Neuronenzahl | 2.1 |
| Signalübertragung | vorwärts | 2.1 |
| Fehlerübertragung | rückwärts | 2.1 |
| Statische Kennlinie | Linear L1 mit k=1 | 2.2 |
| Lernverfahren | Konkurrenzlernen nach ART, unüberwacht | 2.3.5 |
| Verfasser | G.Carpenter/ S.Grossberg, 1978 | 2.4 |
| Literatur | [7, 8, 26], [33, 147-198], [49, 52] | 7 |

Jedes Ausgangsneuron entspricht einer Musterklasse. Das Netz beginnt seine Arbeit mit einem Muster (M=1), also mit einem einzelnen Ausgangsneuron $y_1$. Jedes Eingangsmuster wird nach seinem Abstand zur vorhandenen Klasse geprüft.

Ist dieser Abstand kleiner als der zugelassene Abstand p, wird dieses Muster in der Klasse $y_1$ eingeschlossen und den Gewichten des Ausgangsneurons $y_1$ angepaßt. Ist dieser Abstand größer als p, so gehört das neue Muster nicht zu $y_1$ und ein neues Neuron $y_2$ wird erstellt.

**Algorithmus:**
Carpenter/
Grossberg-Netz

Die Funktionsweise des Netzes:

1) Abstand p eingeben ($0 \leq p \leq 1$) und Gewichte initialisieren:

$$W_{ij}(0) = 1 \qquad b_{ij} = \frac{1}{N}$$

2) Eingangsvektor x (binär) eingeben

3) Ausgänge berechnen:

$$y_{i(Aus)} = \sum_{j=1}^{N} b_{ij} \cdot x_j$$

4) Maximalen Ausgang $y_{max}$ selektieren

5) Abstand zu den vorhandenen Musterklassen berechnen:

$$d_i = \frac{\sum_{j=1}^{N} W_{ij} \cdot x_j}{\sum_{j=1}^{N} x_j} \qquad 0 < i \leq M$$

6) Ist d < p, so gehört der neue Eingang zur bekannten Musterklasse y*. Die Gewichte dieser Musterklasse y* werden umgestellt:

$$W_{ij}^*(t+1) = W_{ij}^*(t) \cdot x_i$$

$$b_{ij}^*(t+1) = \frac{W_{ij}^*(t) \cdot x_i}{0{,}5 + \sum_{j=1}^{N} W_{ij}^*(t) \cdot x_j}$$

6) Ist d > p, so gehört der neue Eingang zu keiner der bekannten Musterklassen. Eine neue Musterklasse wird eröffnet und ein neues Neuron $y_{M+1}$ wird angelegt.

**Beispiel:** Carpenter/ Grossberg-Netz

Gegeben sind folgende Parameter:

- Eingänge: N = 4 Ausgänge: M = 1
- Zugelassener Abstand: p = 0,66
- Schwellenwerte: $\theta = 0$
- Statische Kennlinie: lineare L1-Kennlinie mit k=1
- Lerndatei: $X(x_1,x_2,x_3,x_3)$=A(0,0,0,1), B(0,1,1,1), C(1,1, 1,1)

Am Anfang gibt es nur eine Musterklasse mit dem Neuron $y_1$

⇒ *Schritt 1.* Initialisieren: $W_{11} = W_{12} = W_{13} = W_{14} = 1$

$$b_{11} = b_{12} = b_{13} = b_{14} = 0{,}25$$

⇒ *Schritt 2.* Eingangsvektor A eingeben:

$$x_1 = 0; \quad x_2 = 0; \quad x_3 = 0; \quad x_4 = 1$$

⇒ *Schritt 3.* Ausgang berechnen:

$$y_{1(Aus)} = \sum_{j=1}^{4} b_{ij} x_j =$$

$$= 0{,}25 \cdot 0 + 0{,}25 \cdot 0 + 0{,}25 \cdot 0 + 0{,}25 \cdot 1 = 0{,}25$$

⇒ *Schritt 4.* Maximaler Ausgang: $y_{max} = y_{1(Aus)} = 0{,}25$

⇒ *Schritt 5.* Abstand zur Klasse $y_1$ berechnen:

$$d_1 = \frac{\sum\limits_{j=1}^{4} W_{ij} \cdot x_j}{\sum\limits_{j=1}^{4} x_j} = \frac{1 \cdot 0 + 1 \cdot 0 + 1 \cdot 0 + 1 \cdot 1}{0 + 0 + 0 + 1} = 1$$

⇒ *Schritt 6.* Da $y_1 > p$ ist ($p = 0{,}25$), gehört der neue Eingang zur Klasse $y_1$. Gewichtsänderung:

$$W_{11}(t+1) = W_{11}(t) \cdot x_1 = 1 \cdot 0 = 0$$

$$b_{11}(t+1) = \frac{1 \cdot 0}{0{,}5 + 1 \cdot 0 + 1 \cdot 0 + 1 \cdot 0 + 1 \cdot 1} = 0$$

Das Lernverfahren des Netzes für drei weitere Iterationen ist im Bild 3.22 zusammengefaßt.

**Bild 3.22:** Beispiel eines Carpenter/ Grossberg-Netzes mit zwei Eingängen. Das Netz beginnt mit einem Ausgangsneuron und legt danach ein zweites Ausgangsneuron an

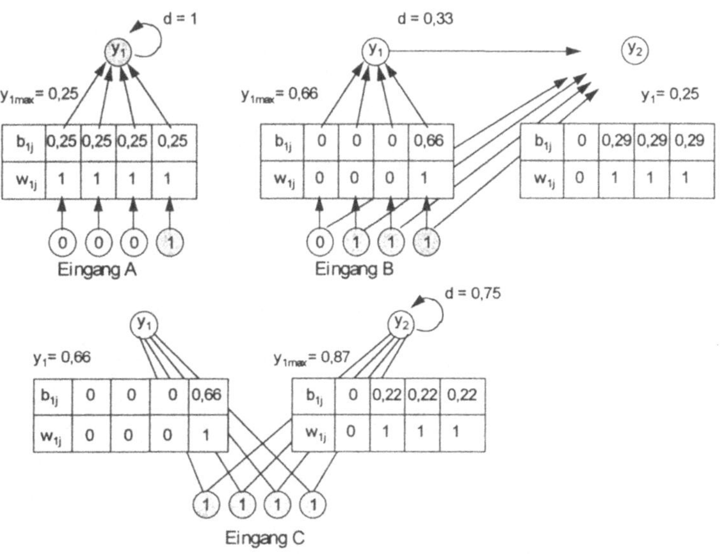

## 3.14 Cooper's RCE-Netz

(Restricted Coulomb Energie)

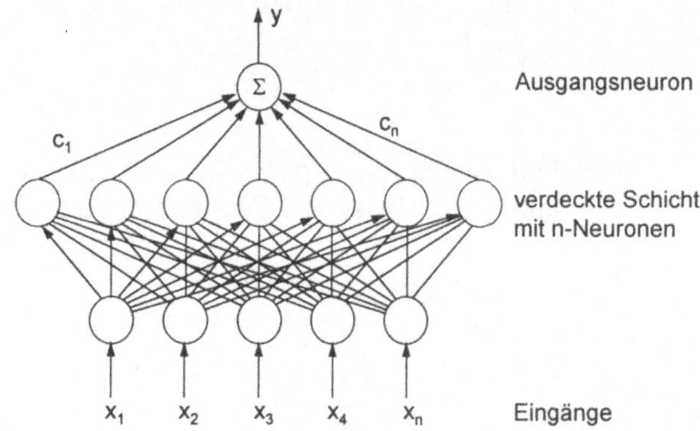


**Bild 3.23**: Strukturbild eines RCE-Netzes

**Tabelle 3.15**: Merkmale eines RCE-Netzes

| *Netzmerkmale* | *Beschreibung* | *Abschn.* |
|---|---|---|
| Netzfunktion | Klassifikator (Bilderkennung) | 2.1 |
| Struktur | mit verdeckten Neuronen | 2.1 |
| Signalübertragung | vorwärts | 2.1 |
| Fehlerübertragung | rückwärts | 2.1 |
| Statische Kennlinie | Sigmoid | 2.2 |
| Lernverfahren | überwacht, iterativ | 2.3 |
| Verfasser | L.Cooper, 1980 | 2.4 |
| Literatur | [48] | 7 |

Das Netz besteht aus drei Schichten (Bild 3.23). Jedes Neuron der Eingabeschicht ist mit jedem Neuron der verdeckten Schicht verbunden. Jedes Neuronen der verdeckten Schicht ist mit allen Ausgangsneuronen verbunden. Es darf jedoch seine Signale nur an ein Ausgangsneuron übertragen. Jedes Ausgangsneuron gehört zu einer Musterklasse.

Die Aktivierungsfunktion eines verdeckten Neurons k in dieser Ebene entspricht einem Kreis mit dem Radius $R_k$ und dem Mittelpunkt $W_k$ (Stützstelle ), der dem Gewicht $W_k$ des Neurons entspricht. Die Punkte innerhalb dieses Kreises gehören zu der Musterklasse A. Das Lernen wird mit einem einzelnen Ausgangsneuron, d.h. mit nur einer Musterklasse A, begonnen. Für jede neue Klasse B der Eingabevektoren wird ein neues Ausgabeneuron generiert. Der ganze Musterbereich wird beim Lernen durch solche Kreise bedeckt. Das Lernen erfolgt durch Gewichtsänderung, d.h. durch Verschiebung der Stützstellen, bis zur Minimierung des Fehlers E zwischen den Soll- und Ist-Ausgänge.

**Algorithmus:**
RCE - Netz

Die Reihenfolge der Operationen:

1) Gewichte $W_k$ initialisieren

2) Eingangsvektoren $x_k$ der Klasse A eingeben

3) Ausgänge der verdeckten Neuronen berechnen

4) Netzausgänge $y_k$ berechnen

5) Gewichtete Summe berechnen

6) Metrik $\Delta$ der Musterebene berechnen

7) Gewichtsänderung durchführen:

- wenn $\Delta > 0$ ist, so ist $Z_k = +1$. Ein neues Neuron k+1 wird angelegt (ein neuer Kreis der Musterebene)
- wenn $\Delta < 0$ ist, so ist $Z_k = -1$. Die Gewichte werden verkleinert, um der Musterbereich dem Kreis anzupassen
- wenn $\Delta = 0$ ist, so ist $Z_k = 0$, d.h. keine Gewichtsänderung.

Das RCE-Netz hat einen schnellen Lernalgorithmus: die Zahl der Lernschritte ist um ca. $10^3$ Schritte kleiner als die der Backpropagation. Das Netz eignet sich somit zur Erkennung von komplizierten Mustern, z.B. für eine erfolgreiche Handschrifterkennung.

Beim Nachtraining muß kein vollständiges neues Lernen durchgeführt werden, sodaß alte Musterklassen erhalten bleiben.

## 3.15 Kosko's BAM

(Bidirectional Association Memory)

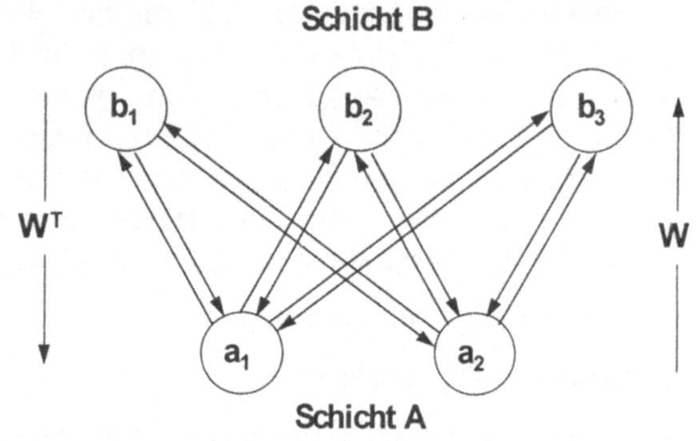


**Bild 3.24:** Strukturbild eines BAM-Netzes mit 2 Neuronen in der unteren und 3 Neuronen in der oberen Schicht

**Tabelle 3.16:** Merkmale des Kosko's BAM

| *Netzmerkmale* | *Beschreibung* | *Abschnitt* |
|---|---|---|
| Netzfunktion | Assoziativer Speicher | 2.1 |
| Struktur | Zweischicht | 2.1 |
| Signalübertragung | vorwärts und rückwärts | 2.1 |
| Fehlerübertragung | keine | 2.1 |
| Statische Kennlinie | Zweipunkt Z3, Dreipunkt D1 | 2.2 |
| Lernverfahren | unüberwacht, iterativ | 2.3 |
| Verfasser | B.Kosko, 1985 | 2.4 |
| Literatur | [8], [27 - 29], [38] | 7 |

Das Netz (Bild 3.24) besteht aus zwei Schichten mit Neuronen $A(a_1, a_2, \ldots a_n)$ und $B(b_1, b_2, \ldots b_m)$.

Die Gewichtsmatrix W bestimmt die Verbindungen von A

nach B, die transponierte Matrix $W^T$ die Verbindungen von B nach A.

Ein Eingabevektor $A_i$ wird an den Neuronen der A-Schicht angelegt und berechnet über die Gewichtsmatrix W einen Ausgabevektor $B_i$ der B-Schicht. Für diesen Vektor $B_i$ wird ein neuer Vektor $A^*_i$ der Schicht A über die transponierte Gewichtsmatrix $W^T$ berechnet. Dies ruft in der Schicht B einen Vektor $B^*_i$ hervor.

Dieser Prozeß wird wiederholt, bis das Netzwerk konvergiert, d.h. bis sich die Vektoren $A_i$ und $B_i$ nicht mehr ändern: $A_i = A^*_i$ und $B_i = B^*_i$. Damit hat das Netz das Vektor-Paar ($A_i$, $B_i$ ) assoziativ gespeichert.

Die Eingabe von einem dieser Vektoren ruft nach dem Konvergieren den anderen Vektor des Paares auf.

Jedes Musterpaar ($A_i$ , $B_i$ ) besitzt eine bestimmte Energie $E_i$, die im konvergierte Zustand ihren minimalen Wert erreicht.

Bei der Realisierung des Lernverfahrens werden zusammen mit den Vektoren $A_i$ und $B_i$ auch entsprechende Vektoren $X_i$, und $Y_i$ verwendet. Der dabei entstehende Wirkungsplan mit verschiedenen Neuronen (siehe die Einteilung der statischen Kennlinien, Abschnitt 2.2) ist im Bild 3.25 gezeigt.

**Bild 3.25:** Lernverfahren und statische Kennlinien der verschiedenen Neuronen des BAM-Netzes

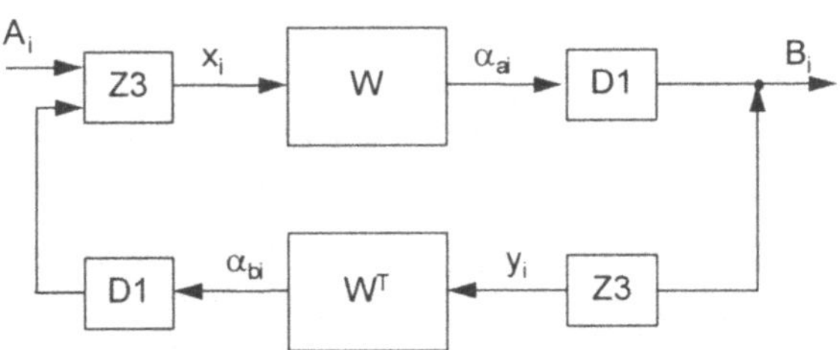


Wie auch bei anderen KNN, ist hier die Zahl der gelernten Muster nicht unbegrenzt: sie überschreitet nicht die Neuronenzahl der oberen bzw. unteren Schichten: $M < \min(n,m)$

**Algorithmus:**
Kosko's BAM

Die Programmschritte:

1) Eingangsvektoren beider Schichten $A_i$, $B_i$ eingeben

   Vektoren $X_i$ und $Y_i$ nach der statischen Kennlinie vom Typ Z3 berechnen

2) Gewichtsmatrix W für M Musterpaare berechnen:

$$W = \sum_{i=1}^{M} X_i^T \cdot Y_i$$

   Energie für jedes Paar berechnen: $E_i(A_i , B_i ) = -A_i \cdot W_i \cdot B^t_i$

   Damit endet das Lernverfahren. Beim Erkennen wird ein verrauschtes Muster $A_i$ oder $B_i$ eingegeben

3) Eingabe von $A^*_i$ mit Rauschen

   Iterationen: $x_i = f_{Z3}(a_i)$ nach statischer Kennlinie Z3; weiter nach Kennlinie D1: $b_i = f_{D1}(\alpha_{ai})$ mit

$$\alpha_{ai} = \sum_{1}^{n} W_{ij} \cdot x_i$$

   und entsprechend zurück zur Schicht A: $y_i = f_{Z3}(b_i)$ nach Kennlinie Z3 und weiter nach Kennlinie D1: $a_i = f_{D1}(\alpha_{bi})$

$$\alpha_{bi} = \sum_{1}^{m} W_{ij} \cdot y_i$$

4) Iterationen solange wiederholen, bis das Netz zu einem stabilen Zustand konvergiert. Dabei soll der Ausgang gleich $B_i$ sein

5) Die Energie $E_i(A^*_i , B_i ) = -A^*_i \cdot W_i \cdot B^T_i$ des Ausgangspaars $(A^*_i, B_i)$ berechnen. Der Unterschied zwischen dieser Energie und $E_i(A_i , B_i)$ soll nicht groß sein

Wird ein neues Paar $(A_x , B_x)$ eingegeben, so soll erst die Gewichtsmatrix W für dieses Paar nach Punkten 2) bis 3) weitergeschult (umgerechnet) werden.

**Beispiel:** Kosko's BAM nach [29]

Gegeben sind folgende Parameter:

- A- Schicht: $n = 6$ B-Schicht: $m = 4$
- Schwellenwert: $\theta = 0$ Statische Kennlinien: Z3, D1

Die Funktionsweise wurde in [29] für folgende Lerndatei gezeigt: $A_1 = (1\ 0\ 1\ 0\ 1\ 0)$ $B_1 = (1\ 1\ 0\ 0)$

$A_2 = (1\ 1\ 1\ 0\ 0\ 0)$ $B_2 = (1\ 0\ 1\ 0)$

⇒ *Schritte 1-2.* $X_1 = (1\ -1\ 1\ -1\ 1\ -1)$ $Y_1 = (1\ 1\ -1\ -1)$

$X_2 = (1\ 1\ 1\ -1\ -1\ -1)$ $Y_2 = (1\ -1\ 1\ -1)$

⇒ *Schritt 3:* Gewichtsmatrix W berechnen:

$$W = \sum_{i=1}^{2} X_i^T \cdot Y_i = X_1^T \cdot Y_1 + X_2^T \cdot Y_2$$

$$X_1^T \cdot Y_1 = \begin{bmatrix} +1 & +1 & -1 & -1 \\ -1 & -1 & +1 & +1 \\ +1 & +1 & -1 & -1 \\ -1 & -1 & +1 & +1 \\ +1 & +1 & -1 & -1 \\ -1 & -1 & +1 & +1 \end{bmatrix} \qquad X_2^T \cdot Y_2 = \begin{bmatrix} +1 & -1 & +1 & -1 \\ +1 & -1 & +1 & -1 \\ +1 & -1 & +1 & -1 \\ -1 & +1 & -1 & +1 \\ -1 & +1 & -1 & +1 \\ -1 & +1 & -1 & +1 \end{bmatrix}$$

$$W = \begin{bmatrix} 2 & 0 & 0 & 2 \\ 0 & -2 & 2 & 0 \\ 2 & 0 & 0 & -2 \\ -2 & 0 & 0 & 2 \\ 0 & -2 & -2 & 0 \\ -2 & 0 & 0 & 2 \end{bmatrix}$$

⇒ *Schritt 4:* Energie: $E_1(A_1, B_1) = -6$ und $E_2(A_2, B_2) = -6$

⇒ *Schritt 5:* Beim Erkennen ist das Muster $A_2$ mit einem Rauschen von 1 Bit eingegeben: $A^*_2$ = (**0** 1 1 0 0 0)

⇒ *Schritte 6-7:* Iterationen: $\alpha_{a2} = A^*_2 \cdot W = (2\ \ 2\ \ -2\ \ -4)$

$$B_2 = (1\ \ 0\ \ 1\ \ 0)$$

⇒ *Schritt 8:* Die Energie des Ausgangspaars ($A^*_2$, $B_2$) ist:

$E_2(A^*_i, B_i) = -A^*_2 \cdot W \cdot B^T_2 = -4$

Nun wird ein neues Paar $A_3$ =(1 1 0 0 1 1), $B_3$ =(0 1 1 1) eingegeben. Die neue Gewichtsmatrix W für dieses Paar ist:

$$W = \begin{bmatrix} +1 & +1 & +1 & -1 \\ -1 & -1 & +3 & +1 \\ +3 & -1 & -1 & -3 \\ -1 & -1 & -1 & +1 \\ -1 & +3 & -1 & +1 \\ -3 & +1 & +1 & +3 \end{bmatrix} \qquad \begin{aligned} E_1(A_1, B_1) &= -6 \\ E_2(A_2, B_2) &= -6 \\ E_3(A_3, B_3) &= -12 \end{aligned}$$

Bei der Eingabe von $A_3$ = (1 1 0 0 1 1) konvergiert das Netz zu $A_3 \cdot W = (-4\ \ 4\ \ 4\ \ 4)$, dann wird $B_3$ = (0 1 1 1). Setzt man die Iterationen fort, so entsteht $B_3 \cdot W^T$ =(1 3 -5 -1 3 5) und wiederum $A_3$.

## 3.16 IAC-Netz

(Interactive Activation and Competition)

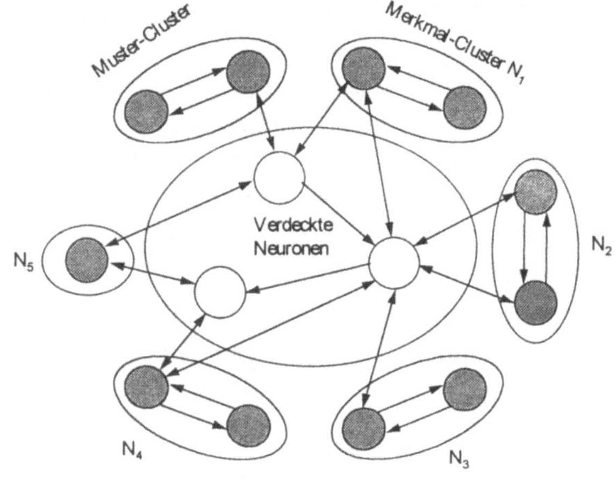


**Bild 3.26:** Strukturbild eines IAC-Netzes mit 5 Clustern

**Tabelle 3.17:** Merkmale eines IAC-Netzes

| *Netzmerkmale* | *Beschreibung* | *Abs.* |
|---|---|---|
| Netzfunktion | Klassifikator, Assoziativer Speicher | 2.1 |
| Struktur | rückgekoppelt | 2.1 |
| Signalübertragung | vorwärts | 2.1 |
| Fehlerübertragung | keine | 2.1 |
| Statische Kennlinie | Linear L2 mit k=1 | 2.2 |
| Lernverfahren | Konkurrenzlernen, unüberwacht | 2.3.5 |
| Verfasser | D.Rumelhart/J.McClelland, 1985 | 2.4 |
| Literatur | [1, 7, 8, 10, 26, 39, 49 ] | 7 |

Das Netz besteht aus verschiedenen Clustern, die den verschiedenen Merkmalen entsprechen (Bild 3.26). Ein weiterer Cluster ist für die Muster vorgesehen

Die Neuronen zwischen den Clustern haben anregende Gewichte mit $W_{ij} > 0$ und aktivieren sich gegenseitig.

Die Neuronen innerhalb eines Clusters wirken mit hemmenden Gewichten $W_{ij}<0$ gegeneinander, d.h. konkurrieren. Dabei entsteht aus den Neuronen jedes Clusters ein Neuron mit höchster Aktivierung (der Gewinner). Die Gewinner der verschiedenen Cluster bilden zusammen mit dem Mustercluster eine Klasse. Das entsprechende Ausgangsneuron wird aktiv.

Für einen neuen Gewinner wird eine neue Klasse angelegt und ein anderes Ausgangsneuron wird aktiv.

Die Lernregeln sind:

- nur die Gewichte des Gewinner-Neurons werden geändert
- die Gewichte der aktiven Neuronen (mit $x_1 =1$) werden um +1 vergrößert
- die Gewichte der inaktiven Neuronen (mit $x_1 =0$) werden um -1 verkleinert

**Beispiel:** Konkurrenzlernen

Das Konkurrenzlernen wird an Hand eines vereinfachten Beispiels nach [1, S.155-159] erklärt.

Das Netz (Bild 3.27) besteht aus zwei Schichten und hat zwei Ausgangsneuronen $y_1$ und $y_2$. Ist der Gewinner das Neuron $y_1$, so gehört der Eingangsvektor $\underline{x} = (x_1, x_2, x_3, x_4)$ zur Klasse A. Ist der Gewinner jedoch das Neuron $y_2$, so gehört der Eingangsvektor zur Klasse B. Gibt es keinen klaren Gewinner, so kann der Eingang nicht klassifiziert werden.

**Bild 3.27:** Strukturbild eines Netzes zum vereinfachten Beispiel [1, S.155-159]

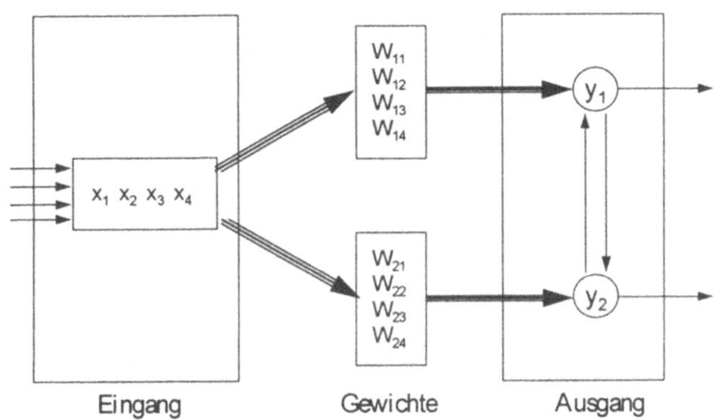


Im Anfangszustand sind folgende Gewichte eingestellt:

$W_{11} = 2 \quad W_{12} = 2 \quad W_{13} = 3 \quad W_{14} = 3$

$W_{21} = 2 \quad W_{22} = 3 \quad W_{23} = 3 \quad W_{24} = 2$

Einen Eingangsvektor, z.B. $\underline{x}(x_1, x_2, x_3, x_4) = (1\ 1\ 0\ 0)$ erkennt das Netz nach folgenden Algorithmus:

$y_1 = 2 \cdot 1 + 2 \cdot 1 + 3 \cdot 0 + 3 \cdot 0 = 4$

$y_2 = 2 \cdot 1 + 3 \cdot 1 + 3 \cdot 0 + 2 \cdot 0 = 5$ Antwort des Netzes: Klasse B

Die Antwort des Netzes für alle möglichen Kombinationen von Eingängen ist unten zusammengefaßt.

| A | B | Kein Gewinner | |
|---|---|---|---|
| 0001 | 0100 | 0000 | 1000 |
| 0011 | 0110 | 0010 | 1010 |
| 1001 | 1100 | 0101 | 1101 |
| 1011 | 1110 | 0111 | 1111 |

Man findet hier keine Regelmäßigkeit. Eine Vielzahl von Muster kann überhaupt nicht klassifiziert werden.

Durch die nachfolgende Konkurrenzlernregel werden die Gewichte der Gewinner (Neuron 2) geändert:

für $x_1 = 1$: $W_{21(neu)} = W_{21} + 1 = 2 + 1 = 3$

für $x_2 = 1$: $W_{22(neu)} = W_{22} + 1 = 3 + 1 = 4$

für $x_3 = 0$: $W_{23(neu)} = W_{23} - 1 = 3 - 1 = 2$

für $x_4 = 0$: $W_{24(neu)} = W_{24} - 1 = 2 - 1 = 1$

Die Antwort des Netzes ändert sich für die neuen Gewichte:

| A | B | Kein Gewinner |
|---|---|---|
| 0001 | 0100 | 0000 |
| 0010 | 0110 | 0101 |
| 00**11** | 1000 | 1010 |
| 01**11** | **11**00 | 1111 |
| 1001 | **11**01 | |
| 10**11** | **11**10 | |

Das Lernen ist nicht abgeschlossen, jedoch kann man eine Verbesserung erkennen: die Eingänge vom Typ 0011 gehören zur Klasse A, die von 1100 zur Klasse B.

**Beispiel:** Konkurrenzlernen nach [10, S.158]

Ein weiteres Beispiel ist in [10, S.158] diskutiert. Es handelt sich dabei um ein Netz mit drei Clustern A, B, C und drei Ausgangsneuronen $y_1$, $y_2$, $y_3$ (Bild 3.28). Im Bild sind auch die Gewichte am Anfang des Lernens gezeigt. Die Antwort des Netzes ist links für alle möglichen Eingangskombinationen gezeigt. Es findet keine klare Einteilung der Muster statt. Das Netz wird mit dem Eingangs-

| A | B | C | Keiner |
|---|---|---|---|
| 00**10** | **0**001 | **10**00 | 0000 |
| 01**10** | **0**011 | **10**01 | 0100 |
| 10**10** | **01**01 | **10**11 | 1100 |
| 11**10** | **0**111 | | 1101 |
| | | | 1111 |

muster $\underline{x}$= (1 0 1 0) nach den Konkurrenzlernregeln weiter trainiert.

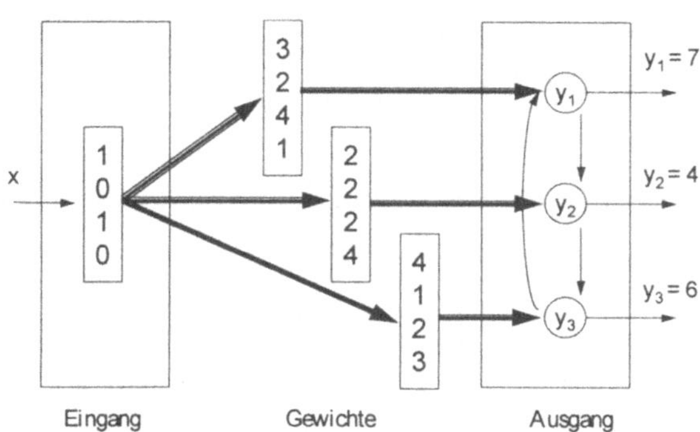


**Bild 3.28:** Strukturbild eines Netzes zum Beispiel [10, S.158]

Es entstehen folgende Gewichte:

für $x_1 = 1$: $W_{11(neu)} = W_{11} + 1 = 3 + 1 = 4$

für $x_2 = 0$: $W_{12(neu)} = W_{12} - 1 = 2 + 1 = 1$

für $x_3 = 1$: $W_{13(neu)} = W_{13} + 1 = 4 - 1 = 5$

für $x_4 = 0$: $W_{14(neu)} = W_{14} - 1 = 1 - 1 = 0$

Die Erkennungstabelle ändert sich, wie folgt:

| A | B | C | Kein Gewinner |
|---|---|---|---|
| 00**10** | **0**001 | **1**001 | 0000 |
| 01**10** | **0**011 | | 1000 |
| 10**10** | **01**00 | | 1011 |
| 11**10** | **01**01 | | 1100 |
| | **01**11 | | 1101 |
| | | | 1111 |

Führt man die Gewichtsänderung noch einmal durch:

$W_{11(neu)} = W_{11} + 1 = 5$

$W_{12(neu)} = W_{11} + 1 = 0$

$W_{13(neu)} = W_{11} + 1 = 1$

$W_{14(neu)} = W_{11} + 1 = 4,$

so entsteht eine neue Erkennungstabelle (siehe unten):

| A | B | C | Kein Gewinner |
|---|---|---|---|
| 00**10** | **0**011 | **1**000 | 0000 |
| 01**10** | **01**00 | **10**01 | 0001 |
| 10**10** | **01**01 | **10**11 | 1100 |
| 11**10** | **01**11 | **1**101 | 1111 |

Man stellt die Erkennung fest:

- das 1. Neuron erkennt die Musterklasse A mit einer Eins in der 3. und einer Null in der 4.Spalte
- das 2.Neuron reagiert auf Nullen in der 1. und Einsen in der 2. Spalte (Klasse B)
- das 3. Neuron erkennt die Klasse C nach Einsen in der 1. und Nullen in der 2. Spalte

Nun ist eine klare Einteilung der Muster erkennbar.

# 4. Regelungstechnische Anwendungen von KNN

## 4.1. Einführung

Die ersten Beispiele von Anwendungen Künstlicher Neuronaler Netze (KNN) in der Regelungstechnik wurden bereits Mitte der sechziger Jahre bekannt.

In den achtziger Jahren nahm die Zahl der Anwendungen stark zu. Weiterhin versuchte man die Anwendungsverfahren zu strukturieren, zu systematisieren und mit konventionellen Verfahren zu vergleichen. Hieraus entstanden neue Regelungssysteme mit Emulator und Actor Netzen [3] oder mit adaptiven Reglern [17], um nur einige zu nennen.

Weil fast alle der mehr als 20 bekannten Netzmodelle für spezielle Anwendungen wie Klassifikation, Bildverarbeitung, Muster- und Spracherkennung oder assoziative Speicherung entwickelt worden sind, haben sich nur einige für die Automatisierungstechnik herauskristallisiert, wie einstufige und mehrstufige Perzeptronen [44] oder CMAC-Netze [30, 36] mit Backpropagation-Lernverfahren, Hopfield-Netze [11], Kosko's BAM [28] oder Cooper's RCE [48].

Nur die folgenden Eigenschaften der KNN lassen sich für die Regelungstechnik verwenden:

- Erkennung des Zustands der Regelstrecke und Assoziation mit dem Stellsignal
- Minimierung des Fehlers zwischen Ist- und Sollwerten des Netzausgangs, wodurch die Identifikation der Regelstrecke möglich wird
- Streben des Netzes zu einem stabilen Zustand durch Änderung der Wichtungsfaktoren, wodurch die Energie des Netzes minimiert wird (Lernfähigkeit)

Eine Übersicht über die Anwendung von KNN in der Automatisierungstechnik ist in der Tabelle 4.1 zusammengestellt.

**Tabelle 4.1:** Historischer Überblick

| *Anwendungsgebiet* | *Verfasser* | *Jahr* |
|---|---|---|
| Rauschunterdrückung | Widrow, B./ Smith, F. | 1964 |
| Stabilisierung eines Pendels | Michie, D./ Chambers, R. | 1968 |
| Dampfturbine | Mamdani, E. / Assilian, S. | 1974 |
| Wärmetauscher | Ostergaard, J. | 1976 |
| Chemischer Reaktor | Hoskins, J. / Himmelblau, D. | 1988 |
| Drehwinkelregelung | Li, Y. / Lau, C. | 1989 |
| Chemischer Reaktor | Bhat, V. / Mindermann, P. /McAvoy, T. | 1990 |
| Sechsbeinige Gehmaschine | Amend, O. / Frik, M. | 1995 |
| Regelung von Gärprozesses der Bierherstellung | Enders, T./ Hege, U. /Peters, U./ Denk, V. | 1995 |
| Geschwindigkeitsregelung von Kraftfahrzeugen | Fritz, H. | 1996 |
| Verladebrücke | Rumpf, O. | 1996 |

Die Einteilung der KNN in bezug auf ihre Anwendung in der Automatisierungstechnik ist im Bild 4.1 aufgeführt und anschließend diskutiert.

Im Abschnitt 4.2 wird die Identifikation von linearen Strecken mit dem Hopfield-Netz und von nichtlinearen Strecken mit dem Backpropagation-Netz beschrieben. Weiterhin wird das RT-Neuron zur Identifikation an Hand eines Beispiels erklärt.

Die Anwendung der KNN für den Reglerentwurf wurde bisher in der Literatur kaum beachtet. Im Abschnitt 4.3 wird ein Versuch in diese Richtung unternommen. Es wird das Problem der Stabilitätsgrenzenbestimmung für Regelstrecken mit veränderlichen Parametern mit Hilfe KNN gelöst, woraus ein Reglerentwurfsverfahren folgt.

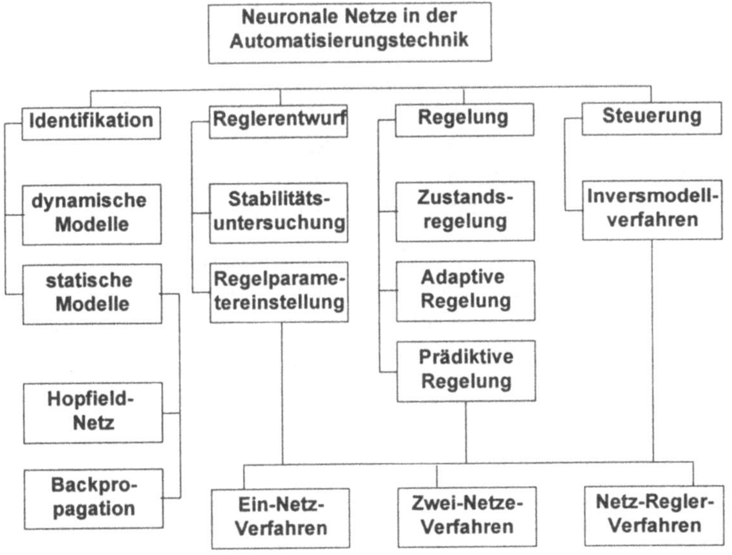


**Bild 4.1:** Einteilung der KNN nach ihren automatisierungs-technischen Anwendungen

Das Konzept der Regelung und Steuerung mit KNN wird im Abschnitt 4.4 diskutiert. Verschiedene neuronale Regelverfahren, wie das Ein-Netz- oder Zwei- Netze-Verfahren werden beschrieben.

## 4.2 Identifikation

### 4.2.1 Einführung

Die Vielzahl bekannter Identifikationsverfahren kann man nach folgenden Merkmalen einteilen:

- nach der Art des Systems (linear / nichtlinear)
- nach dem Arbeitsverhalten (statisch / dynamisch)
- nach der zugrunde gelegten Modellstruktur (Erwartungswertbildung / Fehlerminimierung)

Für die Identifikation linearer Systeme wurde bereits ein breites Spektrum von effizienten realisierbaren Methoden entwickelt (siehe z.B. [22]). Für die nichtlinearen Systeme ergeben sich zusätzliche Probleme bei der Festlegung einer adäquaten Modellstruktur, da die dabei entstehenden Fehler unmittelbar auf die Modellgüte wirken.

Das statische Verhalten eines nichtlinearen Systems mit einem Eingang u, einem Ausgang y und einer Störgröße z kann durch ein Polynommodell beschrieben werden (Bild 4.2):

$$y = a_0 + \sum_i a_i u_i + z$$

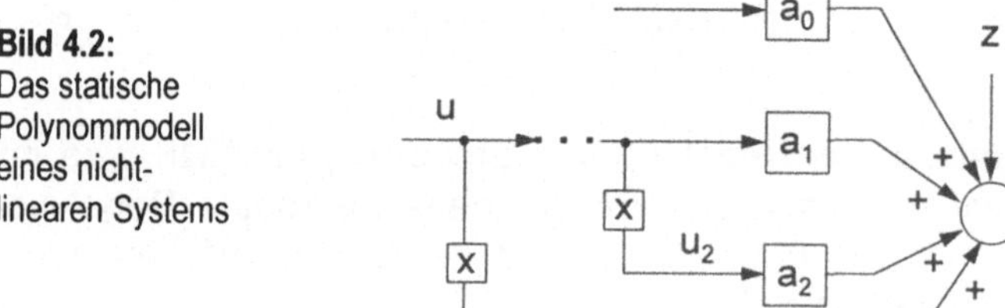


**Bild 4.2:** Das statische Polynommodell eines nichtlinearen Systems

Das dynamische Verhalten eines linearen Systems mit den gesuchten Parametern A und B ist durch ein Modell (Bild 4.3) mit folgender DGL darstellbar:

$$\dot{x}(t) = A \cdot x(t) + B \cdot u(t)$$

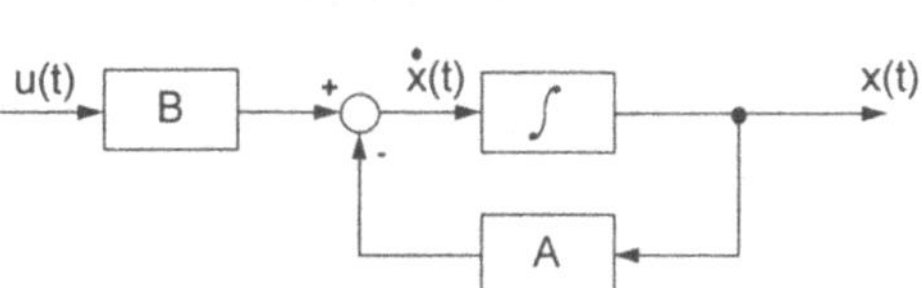


**Bild 4.3:** Das dynamische Modell eines linearen Systems mit einem Eingang und einem Ausgang

Für ein digitales Modell mit den Parametern $A_M$ und $B_M$ gilt folgende Differenzengleichung:

$$x(k+1) = A_M \cdot x(k) + B_M \cdot u(k)$$

Sind die Meßwerte x(0), x(1),...x(n) und u(0), u(1),...u(n) vorhanden, so entsteht folgendes Gleichungssystem:

$$x(1) = A_M \cdot x(0) + B_M \cdot u(0)$$

$$x(2) = A_M \cdot x(1) + B_M \cdot u(1)$$

$$x(n) = A_M \cdot x(n+1) + B_M \cdot u(n+1)$$

Diese Gleichung kann man durch eine Matrix $\underline{M}$ und die Vektoren $\underline{X}_M$ und $\underline{P}_M$ darstellen: $\underline{X}_M = \underline{M} \cdot \underline{P}_M$ , dabei ist

$$\underline{X}_M = \begin{bmatrix} x(1) \\ x(2) \\ \dots \\ x(n) \end{bmatrix}, \ \underline{M} = \begin{bmatrix} x(0) & u(0) \\ x(1) & u(1) \\ \dots & \dots \\ x(n-1) & u(n-1) \end{bmatrix}, \ \underline{P}_M = \begin{bmatrix} A_M \\ B_M \end{bmatrix}$$

Die unbekannten Modellparameter $A_M$ und $B_M$ kann man nach dem minimalen quadratischen Fehler berechnen:

$$\underline{P}_M = (\underline{M}^T \cdot \underline{M})^{-1} \cdot \underline{M}^T \cdot \underline{X}_M$$

Die Verfahren der Erwartungswertbildung beruhen auf dem Prinzip der Verringerung des Einflusses der Meßwertfehler bei beliebig oft und beliebig lange durchgeführten Experimenten (Bild 4.4). Als Signaltransformation werden Verfahren wie Korrelations- und Spektralanalyse verwendet.

**Bild 4.4:** Identifikation durch Erwartungswertbildung

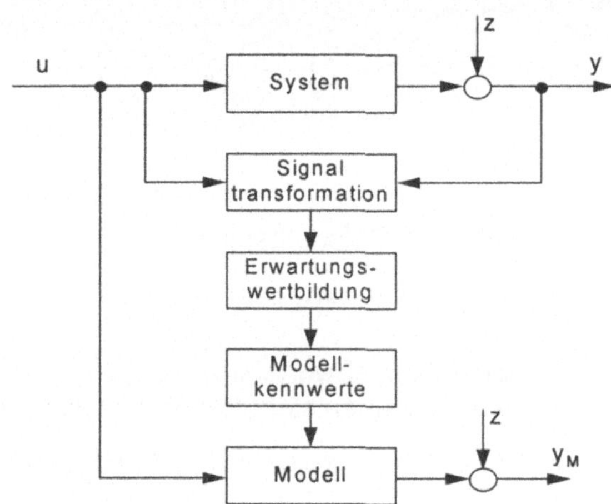


Die Verfahren der Fehlerminimierung gehen von der Vorstellung aus, daß nur eine begrenzte Anzahl von Experimenten durchgeführt werden kann. Durch Vorgabe der Modellstruktur wird die Abweichung $e(t) = y(t) - y_M(t)$ des Modellausgangssignals $y_M$ vom Systemausgangssignal y bei gleichem Eingangssignal u(t) gebildet (Bild 4.5) und durch die Änderung der Modellkennwerte minimiert.

**Bild 4.5:** Identifikation durch Fehlerminimierung

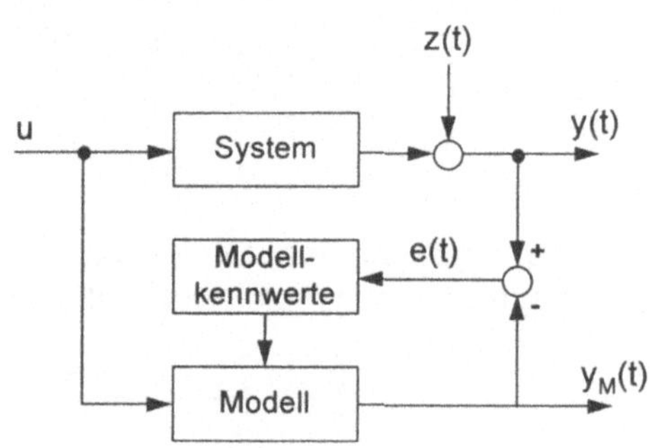

### 4.2.2 Identifikation mit dem Hopfield-Netz

Betrachtet wird ein lineares System mit n Ausgängen $\underline{x}(t)$ und m Eingängen $\underline{u}(t)$, das durch die DGL mit den Matrizen $\underline{A}$ und $\underline{B}$ beschrieben ist:

$$\dot{\underline{x}}(t) = \underline{A} \cdot \underline{x}(t) + \underline{B} \cdot \underline{u}(t)$$

Der Modellausgang $x_M(t)$ soll nun durch die gleiche DGL, doch mit den gesuchten Matrizen $\underline{A}_M$ und $\underline{B}_M$ sowie der gegebenen Matrix $\underline{K}$ beschrieben werden:

$$\dot{\underline{x}}_M(t) = \underline{A}_M \cdot \underline{x}(t) + \underline{B} \cdot \underline{u}(t) - \underline{K} \cdot \underline{e}(t)$$

Der Fehler $\underline{e}(t)$ zwischen $\underline{x}(t)$ und $\underline{x}_M(t)$ bei gleichen Stellsignalen $\underline{u}(t)$ für die Gesamtperiode P der Identifikation ist unten aufgestellt, wobei T für das Transponieren steht.

$$E(e) = \frac{1}{P}\int_0^P \left[\underline{x}(t) - \underline{x}_M(t)\right]^2 dt = \frac{1}{P}\int_0^P \underline{e}^T(t) \cdot \underline{e}(t) dt =$$

$$= \frac{1}{P}\int_0^P \left[\underline{x}(t) - \underline{x}_M(t)\right]^T \cdot \left[\underline{x}(t) - \underline{x}_M(t)\right] dt$$

$$E(e) = \frac{1}{P}\int_0^P \left(\dot{\underline{x}} - \underline{A}_M \cdot \underline{x} - \underline{B}_M \cdot \underline{u}\right)^T \left(\dot{\underline{x}} - \underline{A}_M \cdot \underline{x} - \underline{B}_M \cdot \underline{u}\right) dt$$

Die Aufgabe der Identifikation besteht darin, die Parameter $\underline{A}_M$ und $\underline{B}_M$ so zu bestimmen, daß die Fehlerfunktion E(e) minimal wird. Diese Aufgabe ist auf ein Hopfield-Netz zugeschnitten. Die Gewichte $W_{ij}$ müssen so gewählt werden, daß die Energiefunktion $E(W_{ij})$ des KNN (siehe Abschnitt 3.10) minimal wird:

$$E(W_{ij}) = -\frac{1}{2}\sum_{i=1}^{N}\sum_{j=1}^{N} W_{ij} x_i x_j - \frac{1}{2}\sum_{i=1}^{N} \theta_i x_i$$

Aus dem Vergleich zwischen der Fehlerfunktion E(e) und der Energie des Hopfield-Netzes E(W) werden für die Identifikation folgende Verfahrensschritte formuliert (siehe [11]):

a) Die Neuronen des Hopfield-Netzes $x_{ij}$ müssen den Elementen $a_{ij}$ der Matrix $\underline{A}_M$ zugeordnet werden: $x_{ij} = a_{ij}$.

b) Die Gewichtungen $W_{ij}$ zwischen den Neuronen werden aus den Werten $\underline{x}\,\underline{x}^T$ , $\underline{u}\,\underline{u}^T$ und $\underline{x}\,\underline{u}^T$ zusammengestellt.

c) Die Schwellenwerte $\theta_i$ der Neuronen $x_{ij}$ werden als Vektoren mit Komponenten $\underline{x}\,\underline{x}^T$, $\underline{x}\,\underline{x}^T$ und $\underline{u}\,\underline{x}^T$ dargestellt.

Die Grundstruktur des Identifikationsverfahrens nach der Fehlerminimierung mit dem KNN ist im Bild 4.6 verdeutlicht.

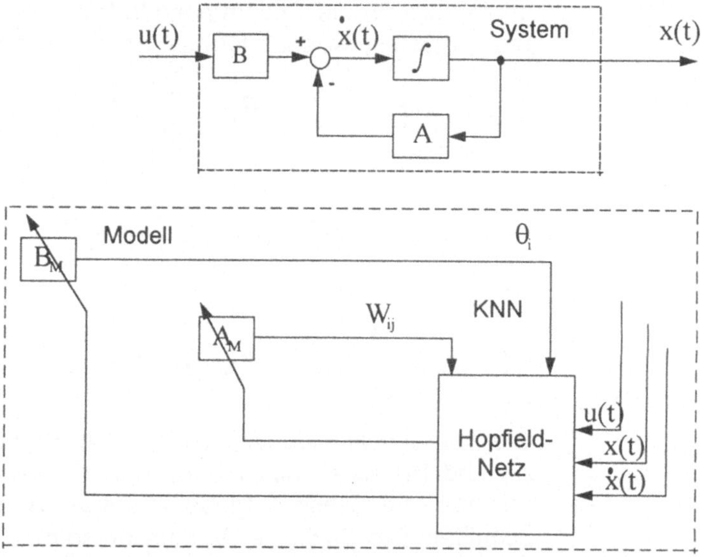

**Bild 4.6:** Identifikation eines linearen Systems mit dem Hopfield-Netz

Da die Elemente der Matrix $\underline{A}_M$ nicht bekannt sind, ist der KNN-Algorithmus folgendermaßen gegliedert:

1. Lernverfahren: aus den gegebenen Meßwerttabellen $\underline{x}$ und $\underline{u}$ werden die Gewichtsmatrizen $\underline{W}$ mit Elementen $W_{ij}$ berechnet.

2. Iteration: ein Eingangsvektor mit den Komponenten $a_{ij}$, $b_{ij}$ ist gegeben. Das Netz konvergiert von diesem Zustand zu einem stabilen Zustand, bei dem die Energiefunktion E(W) minimal wird. Damit wird auch die Fehlerfunktion E(e) minimiert, und die Identifikationsaufgabe wird gelöst.

**Beispiel:** Identifikation mit dem Hopfield-Netz

Als Beispiel wird die Identifikation eines linearen Systems mit einem Eingang und zwei Ausgängen (n = 2, m = 1) mit dem Hopfield-Netz betrachtet.

Es wird angenommen, daß die Systemgleichung in folgender Form dargestellt werden kann:

$$\underline{\dot{x}}(t) = \underline{A} \cdot \underline{x}(t) + \underline{B} \cdot \underline{u}(t)$$

$$\underline{x} = \begin{vmatrix} x_1 \\ x_2 \end{vmatrix}, \qquad \underline{A} = \begin{vmatrix} a_{11} & a_{12} \\ a_{21} & a_{22} \end{vmatrix}, \qquad \underline{B} = \begin{vmatrix} b_1 \\ b_2 \end{vmatrix}$$

**Bild 4.7:** Struktur des Hopfield-Netzes zum Identifikationsbeispiel

Die Identifikation wird mit einem Hopfield-Netz aus zwei Neuronen durchgeführt (Bild 4.7).

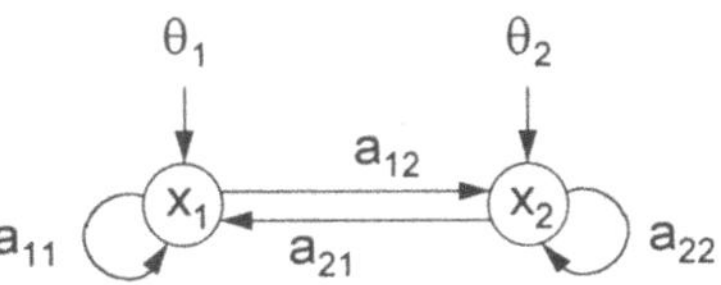


**Bild 4.8:** Meßwerte zur Identifikation mit dem Hopfield-Netz

Die Meßwerte $x_1(t)$, $x_2(t)$ und u(t) während einer Identifikationsperiode sind gegeben (Bild 4.8).

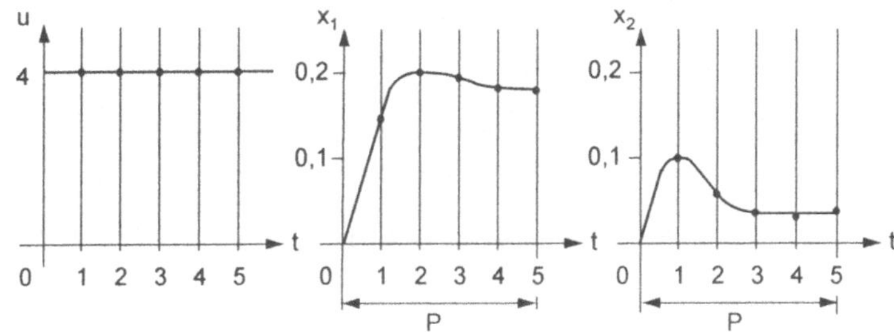

Die Gewichte der KNN werden für die gesamte Identifikationsperiode P integriert.

Die Elemente $W_{ij}$ der Gewichtsmatrix $\underline{W}$ sind unten gezeigt:

| | 1 | 2 | 3 | 4 | 5 | 6 |
|---|---|---|---|---|---|---|
| 1 | $a_{11}^2$ | $a_{11} a_{12}$ | $a_{11} a_{21}$ | $a_{11} a_{22}$ | $a_{11} b_1$ | $a_{11} b_2$ |
| 2 | $a_{12} a_{11}$ | $a_{22}^2$ | $a_{12} a_{21}$ | $a_{12} a_{22}$ | $a_{12} b_1$ | $a_{12} b_2$ |
| 3 | $a_{21} a_{11}$ | $a_{21} a_{12}$ | $a_{21}^2$ | $a_{21} a_{22}$ | $a_{21} b_1$ | $a_{21} b_2$ |
| 4 | $a_{22} a_{11}$ | $a_{22} a_{12}$ | $a_{22} a_{21}$ | $a_{22}^2$ | $a_{22} b_1$ | $a_{22} b_2$ |
| 5 | $b_1 a_{11}$ | $b_1 a_{12}$ | $b_1 a_{21}$ | $b_1 a_{22}$ | $b_1^2$ | $b_1 b_2$ |
| 6 | $b_2 a_{11}$ | $b_2 a_{12}$ | $b_2 a_{21}$ | $b_2 a_{22}$ | $b_2 b_1$ | $b_2^2$ |

Da aber die Werte $a_{ij}$ und $b_i$ unbekannt sind, muß man die Gewichte $W_{ij}$ durch Vektoren $\underline{x}$ und $\underline{u}$ ausdrücken:

| | 1 | 2 | 3 | 4 | 5 | 6 |
|---|---|---|---|---|---|---|
| 1 | $x_1^2$ | $x_1 x_2$ | 0 | 0 | $x_1 u$ | 0 |
| 2 | $x_2 x_1$ | $x_2^2$ | 0 | 0 | $x_2 u$ | 0 |
| 3 | 0 | 0 | $x_1^2$ | $x_1 x_2$ | 0 | $x_1 u$ |
| 4 | 0 | 0 | $x_2 x_1$ | $x_2^2$ | 0 | $x_2 u$ |
| 5 | $u x_1$ | $u x_2$ | 0 | 0 | $u^2$ | 0 |
| 6 | 0 | 0 | $u x_1$ | $u x_2$ | 0 | $u^2$ |

Der Schwellenwert $\underline{\theta}_i$ berechnet sich nach folgender Formel:

$$\underline{\theta_i} = \begin{bmatrix} \dot{x}_1 & \dot{x}_2 \end{bmatrix} \cdot \begin{bmatrix} x_1 \\ x_2 \\ u \end{bmatrix} =$$

$$= \begin{bmatrix} x_1 \dot{x}_1 & x_1 \dot{x}_2 & x_2 \dot{x}_1 & x_2 \dot{x}_2 & u\dot{x}_1 & u\dot{x}_2 \end{bmatrix}$$

Aus einem beliebigen Anfangszustand konvergiert das Hopfield-Netz zum stabilen Endzustand (Bild 4.9).

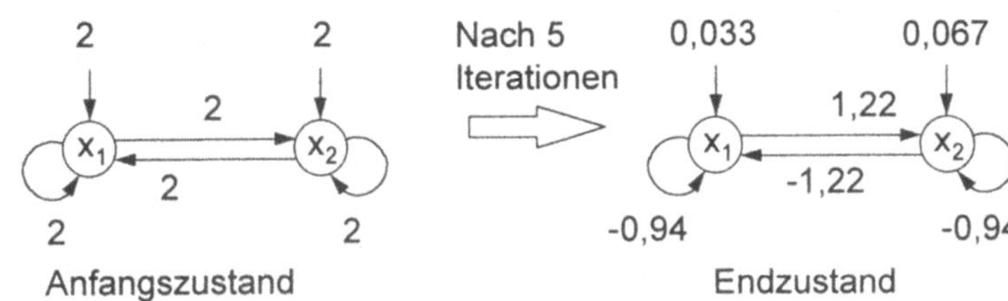


**Bild 4.9:** Identifikation mit dem Hopfield-Netz nach [11]

Damit hat die identifizierte Regelstrecke folgende Kennwerte:

$a_{11} = -0,94$ $a_{12} = -1,22$ $b_1 = 0,033$

$a_{21} = 1,22$ $a_{22} = -1,22$ $b_2 = 0,067$

### 4.2.3 Identifikation mit dem RT-Neuron

Für die Identifikation linearer Systeme mit der Gleichung

$$\underline{\dot{x}}(t) = \underline{A} \cdot \underline{x}(t) + \underline{B} \cdot \underline{u}(t)$$

wird hier das im Abschnitt 1.6 beschriebenen RT-Neuron benutzt. Das Verfahren wird an Hand des oben diskutierten Beispiels eines linearen Systems mit n = 2 und m = 1 erklärt:

$$\dot{x}_1 = -a_{11} \cdot x_1 + a_{12} \cdot x_2 + b_1 \cdot u$$
$$\dot{x}_2 = -a_{21} \cdot x_1 - a_{22} \cdot x_2 + b_2 \cdot u$$

Diese Systemgleichung läßt sich umstellen:

$$T_1 \cdot \dot{x}_1 + x_1 = K_1 \cdot u + K_{x1} \cdot x_2$$
$$T_2 \cdot \dot{x}_2 + x_2 = K_2 \cdot u - K_{x2} \cdot x_1$$

Die Kennwerte sind:

$$K_1 = \frac{b_1}{a_{11}} \qquad K_{x1} = \frac{a_{12}}{a_{11}} \qquad T_1 = \frac{1}{a_{11}}$$

$$K_2 = \frac{b_2}{a_{22}} \qquad K_{x2} = \frac{a_{21}}{a_{22}} \qquad T_2 = \frac{1}{a_{22}}$$

Daraus folgt der Wirkungsplan des untersuchten Systems, der im Bild 4.10 skizziert ist.

**Bild 4.10:** Beispiel: Wirkungsplan des untersuchten Systems

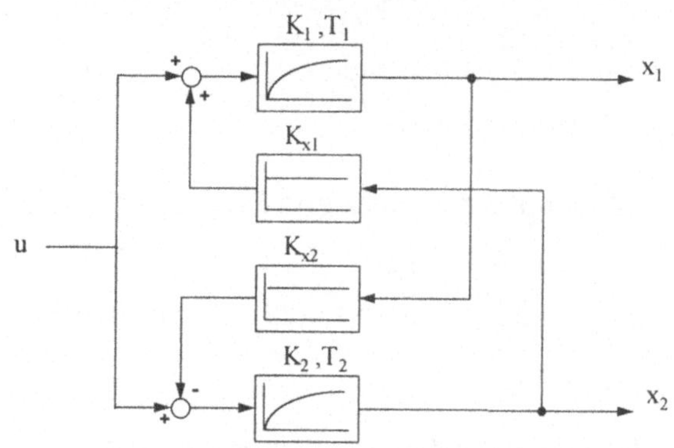


Das entsprechende RT-Neuron, das dieses Verhalten für den Ausgang $x_2$ bei dem Eingang u(t) und dem Schwellenwert $\theta_2 = K_2 \cdot u$ simuliert, ist im Bild 4.11 aufgeführt. Der Ausgang $x_1$ hat den gleichen Wirkungsplan, nur mit vertauschten Indizes, z. B. $\theta_1 = K_1 \cdot u$.

**Bild 4.11:** Beispiel: Identifikation mit dem RT-Neuron (Wirkungsplan)

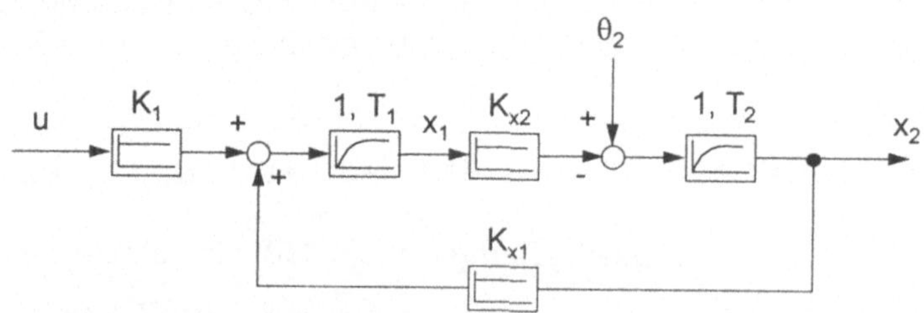


Die Übertragungsfunktionen des RT-Neurons für die Ausgänge $x_1$ und $x_2$ berechnet sich nach der Umformung des Wirkungsplanes:

$$G_1(s) = \frac{K_{P1} \cdot (1 + s \cdot T_{v1})}{a_2 \cdot s^2 + a_1 \cdot s + a_0} \qquad G_2(s) = \frac{K_{P2} \cdot (1 + s \cdot T_{v2})}{a_2 \cdot s^2 + a_1 \cdot s + a_0}$$

wobei die Kennwerte wie folgt bezeichnet sind:

$$K_{P1} = \frac{K_1 + K_2 \cdot K_{x1}}{1 + K_{x1} \cdot K_{x2}} \qquad K_{P2} = \frac{K_2 - K_1 \cdot K_{x2}}{1 + K_{x1} \cdot K_{x2}}$$

$$T_{v1} = \frac{K_1 \cdot T_2}{K_1 + K_{x1} \cdot K_2} \qquad T_{v2} = \frac{K_2 \cdot T_1}{K_2 - K_{x2} \cdot K_1}$$

$$a_2 = \frac{T_1 \cdot T_2}{1 + K_{x1} \cdot K_{x2}} \qquad a_2 = \frac{T_1 + T_2}{1 + K_{x1} \cdot K_{x2}} \qquad a_0 = 1$$

Die unbekannten Streckenparameter $K_1$ , $K_2$ , $K_{x1}$ , $K_{x2}$, $T_1$ und $T_2$ werden durch ein Suchverfahren an die gegebenen Meßwerte angepaßt.

Um das Beispiel zu vereinfachen, kann man annehmen, daß $K_{x1} = K_{x2} = 1$ und $T_1 = T_2$ ist.

Für das betrachtete Beispiel ergeben sich damit die Kennwerte aus den Versuchskurven (Bild 4.12) ohne Iterationen:

$$x_1(\infty) = K_{P1} \cdot \hat{u} = \frac{K_1 + K_2 \cdot K_{x1}}{1 + K_{x1} \cdot K_{x2}} \cdot \hat{u}$$

$$x_2(\infty) = K_{P2} \cdot \hat{u} = \frac{K_2 - K_1 \cdot K_{x2}}{1 + K_{x1} \cdot K_{x2}} \cdot \hat{u}$$

oder für den Eingangssprung von u = 3

$$x_1(\infty) = \frac{K_1 + K_2 \cdot 1}{1 + 1 \cdot 1} \cdot 3 = \frac{K_1 + K_2}{2} \cdot 3 = 4{,}5$$

$$x_2(\infty) = \frac{K_2 - K_1 \cdot 1}{1 + 1 \cdot 1} \cdot 3 = \frac{K_2 - K_1}{2} \cdot 3 = 1{,}5$$

woraus folgt $K_1 = 1$ und $K_2 = 2$.

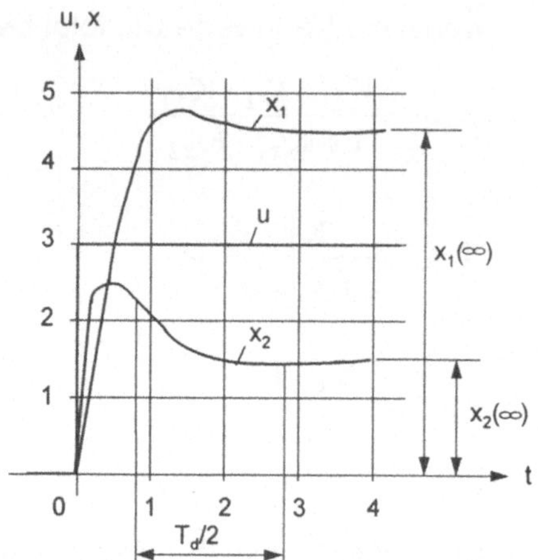


**Bild 4.12:** Meßwerte zur Identifikation mit dem RT-Neuron

Die Zeitkonstanten kann man nach der aus dem Bild 4.12 abgelesenen Schwingungsperiode $T_d$ berechnen:

$T_1 = T_2 = 0{,}5$ sec.

### 4.2.4 Identifikation mit dem Backpropagation

Die Struktur eines Mehrschicht Perzeptrons wird als Modell für die Identifikation nichtlinearer Systeme mittels Fehlerminimierung zugrunde gelegt (Bild 4.13).

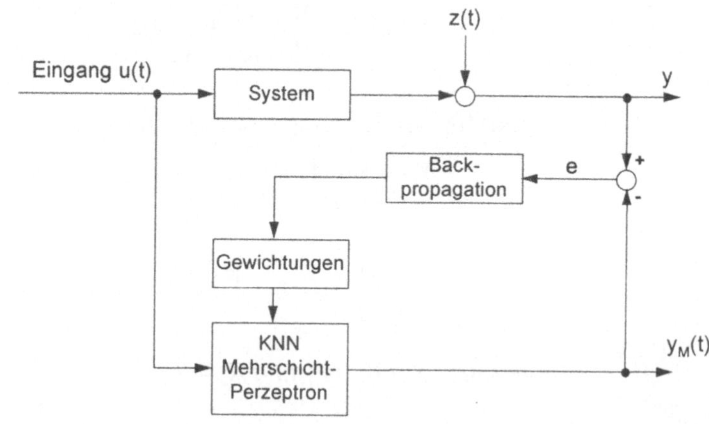


**Bild 4.13:** Identifikation eines nichtlineares Systems nach der Backpropagation-Lernregel

Empfehlungen zur Festlegung der Netzstruktur und der Neuronenzahl, sowie die Kriterien des Abbruches des Lernvorganges findet man in [46] beschrieben.

Es wurden folgende Vorteile festgestellt:

- Mit einem einfachen Netz lassen sich komplexe Zusammenhänge identifizieren
- Da die Information über die Gewichtungen verteilt ist, spielt die Festlegung einer adäquaten Modellstruktur nur eine untergeordnete Rolle

Die Nachteile der KNN-Identifikation sind in erster Linie im Übergeneralisierungsproblem zu suchen. Um den Zeitpunkt des Abbruchs des Lernvorgangs festzustellen, müssen zusätzliche Experimente durchgeführt und weitere Testdatensätze untersucht werden.

Weiterhin sind die üblichen Nachteile der Backpropagation zu berücksichtigen: Konvergenz des Netzes und Konvergenzgeschwindigkeit.

## 4.3 Stabilitätsuntersuchung

### 4.3.1 Einführung

Auf konventionellem Wege wird das Stabilitätsgebiet in einem n-dimensionalen Raum dargestellt, dessen Koordinatenachsen die untersuchten Reglerparameter sind. In dieser meist nur zweidimensionalen Koordinatendarstellung soll mit Hilfe mathematischer Rechenverfahren die Stabilitätsgrenze eingetragen werden.
Voraussetzung ist ein bekanntes mathematisches Modell der Regelstrecke. Fehlt dieses, so ist eine experimentelle Lösung des Problems nach dem bekannten Schwingungsversuch vorstellbar. Der Regler wird als P-Regler strukturiert und der Regelkreis wird durch Ausprobieren an die Stabilitätsgrenze gebracht (Ziegler-Nichols-Verfahren).

Das Problem der Ermittlung des Stabilitätsgebietes wird damit jedoch nicht gelöst, weil der Schwingungsversuch ohne Berücksichtigung der Nachstell- oder Vorhaltezeit durchgeführt wird.

Damit reduziert sich der gesamte Stabilitätsbereich auf einen einzigen Punkt mit den Koordinaten $K_{PRkrit}$ und $T_{krit}$. Besonders bei den Regelkreisen mit PD-Reglern genügt ein Schwingungsversuch allein noch nicht für eine geeignete Reglereinstellung.

Die Vorhaltezeit $T_V$ kann durch den Wert von $T_{krit}$ nicht festgelegt werden.

Alternativ dazu untersucht man alle in einem als "zugelassen"-definierten Bereich möglichen Parameterkombinationen auf ihr resultierendes Regelverhalten und hält die Ergebnisse in Form einer Stabilitätsgrenze fest.

Der Aufwand dieser Lösungsvariante soll an Hand eines einfachen Regelkreises gezeigt werden.

Der Regelkreis besteht aus einer P-$T_3$ -Strecke mit $K_{PS}$ = 1, $T_1$ = 1 s, $T_2$ = 6 s, $T_3$ = 5 s und einem PI-Regler (Bild 4.14).

**Bild 4.14:** Regelkreis mit PI-Regler und P-T3-Strecke

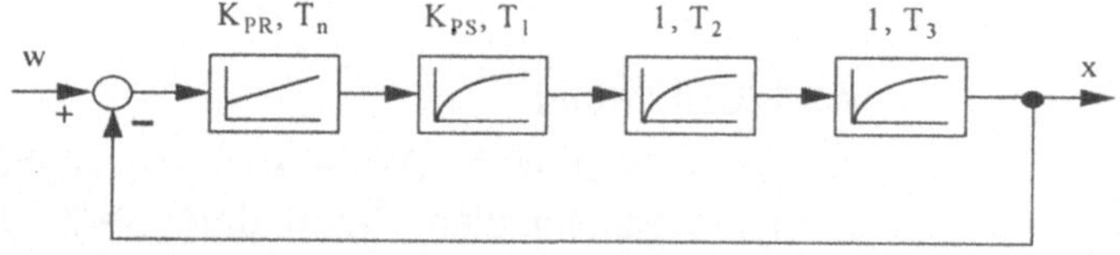


Der zu untersuchende Bereich wird durch den Proportionalbeiwert $0 < K_{PR} < 20$ und die Nachstellzeit $0 < T_n < 20$ sec begrenzt.

Nach einer gewissen Anzahl von Versuchen hat man experimentell eine Grenze ermitteln, die in einer berechenbaren Genauigkeit mit der theoretischen Stabilitätsgrenze übereinstimmt (Bild 4.15).

**Bild 4.15:** Stabilitätsgebiet des Regelkreises mit PI-Regler und P-$T_3$-Strecke

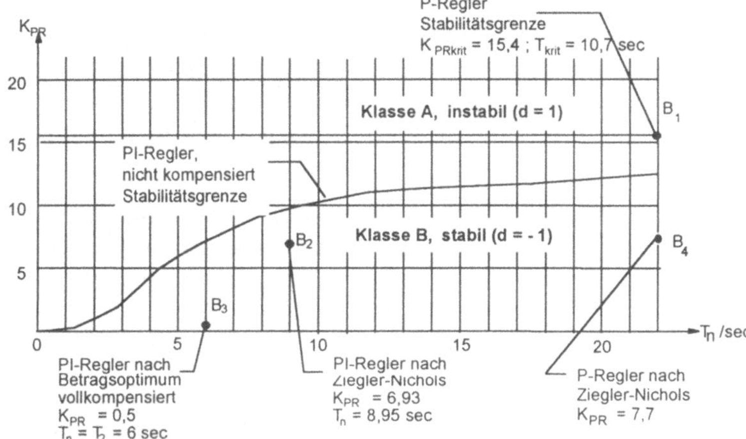


Der Punkt $B_1$ im Bild 4.15 entspricht den Ergebnissen des Schwingungsversuches mit dem P-Regler. Die Punkte $B_2$ und $B_4$ zeigen die Reglereinstellung nach der Ziegler-Nichols-Tabelle. Zum Vergleich ist im Bild 4.15 auch die theoretische Stabilitätsgrenze des Regelkreises mit einem PI-Regler eingetragen. Der Punkt $B_3$ entspricht dem rechnerisch ermittelten Betragsoptimum.

Ändern sich von Zeit zu Zeit die Kennwerte der Regelstrekke, wie bei vielen industriellen Anwendungen, müssen die Experimente für jeden neuen Wert wiederholt werden. Damit steigt die Anzahl der Versuche drastisch und die Idee verliert ihren Sinn für die Praxis.

### 4.3.2 Stabilitätsanalyse mit Backpropagation

Die Problematik der Stabilitätsuntersuchung konventioneller Regelstrecken stellt die Vorzüge der KNN nicht genügend heraus. Eine Regelstrecke mit veränderlichen Parametern ist dagegen eine Herausforderung, weil für jede neue Parameterkombination eine neue Stabilitätsgrenze bestimmt werden muß. Die Vorteile der KNN zeigen sich durch die Lernfähigkeit oder das schnelle Anpassungsvermögen an veränderliche Situationen besonders deutlich [57].

Für die Bestimmung des Stabilitätsgebietes mit KNN werden die gesuchten Reglerparameter als Eingangswerte des Netzes gesetzt (im vorliegendem Fall: Eingang $x_2 = K_{PR}$ und Eingang $x_1 = T_n$).

Wie man dem Bild 4.15 entnehmen kann, entstehen 2 Klassen von Reglerparametereinstellungen: Klasse A kennzeichnet den instabilen Regelkreis für die Netzausgänge d = +1. Für den stabilen Regelkreis mit den Netzausgängen d = -1 gilt Klasse B.

Um experimentell das Muster der Stabilitätsklasse zu ermitteln, werden gleiche Wertepaare $K_{PR}$ und $T_n$ dem Netz und dem Regelkreis gegeben. Die Sprungantworten des Kreises werden danach als Muster mit d-Werten verifiziert und dem entsprechenden Netzausgang y zugeordnet. Mit ihrer Hilfe stellen sich die Gewichte $W_{ij}$ des KNN nach dem bereits beschriebenen Lernalgorithmus ein. Die Struktur eines solchen Lernverfahrens ist im Bild 4.16 verdeutlicht.

**Bild 4.16:** Lernverfahren des KNN zur Bestimmung des Stabilitätsgebiets

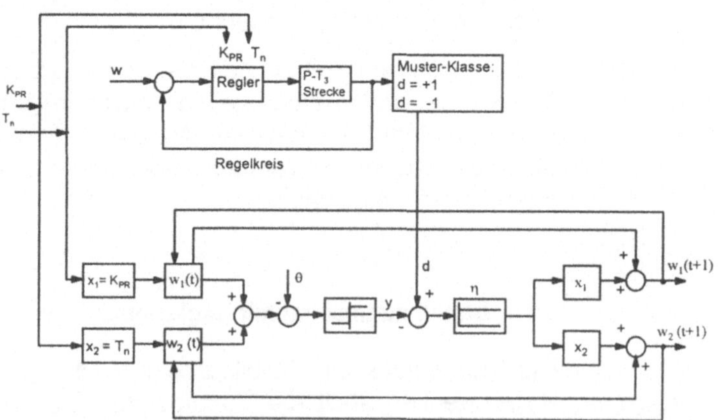


Um die Nichtlinearität der Stabilitätsgrenze auszugleichen, wird anstelle des sonst üblichen Mehrschicht Perzeptrons, der gesamte Eingangsbereich $x_1 = T_n$ in Teilstücke unterteilt. Für jedes Teilstück ist ein Neuron zuständig.

Als Ergebnis des Lernverfahrens erhält man eine Stabilitätsgrenze in Form mehrerer Geraden.

Um die ermittelte Stabiltätsgrenze in die Reglereinstellung nach dem Betragsoptimum zu transformieren bzw. zu verschieben, muß man den vom Benutzer eingegebenen Schwellenwert θ ändern, was wiederum experimentell erfolgen kann. Es reicht hierzu eine einzige Information über die gewünschte Reglereinstellung.

### 4.3.3 Beispiel: PD-Regler eines Roboterarmes

Ein Roboterarm soll Teile aus einem Behälter auf ein Transportband mit geringer Überschwingung positionieren. Es wird angenommen, daß es 4 verschiedene Sorten von Teilen gibt, woraus 4 unterschiedliche Streckensituationen ($P_1$, $P_2$, $P_3$, $P_4$), resultieren. Diese sollen mit einem PD-Regler geregelt werden. Die Regelstrecke (Bild 4.17) besteht aus einem I-Glied und zwei P-$T_1$-Gliedern, wobei die Zeitkonstanten $T_1$ und $T_2$ von einem Parameter abhängig sind (Tabelle 4.2).

**Bild 4.17:** Regelstrecke mit veränderlichen Parametern T1, T2

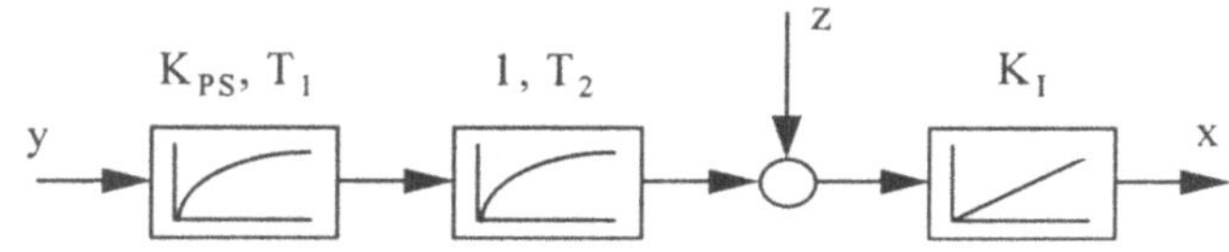


**Tabelle 4.2:** Veränderliche Streckenparameter

| Situation | P1 | P2 | P3 | P4 |
|---|---|---|---|---|
| Zeitkonstante $T_1$, sec | 0,1 | 0,22 | 0,7 | 1,44 |
| Zeitkonstante $T_2$, sec | 0,19 | 0,135 | 0,105 | 0,10 |

Eine solche Anforderung, die Strecke schnell zu erkennen und sich der neuen Situation anzupassen, entspricht der Idee der KNN. Im folgenden wird ein KNN für diese Aufgabe eingesetzt. Die experimentell ermittelten Werte, mit denen das KNN trainiert wird, sind in der Tabelle 4.3 aufgeführt.

**Tabelle 4.3:** Lerndaten des KNN

| $T_v$,s | 0,1 | 0,1 | 0,22 | 0,22 | 0,3 | 0,3 | 0,7 | 0,7 | 1,44 | 1,44 |
|---|---|---|---|---|---|---|---|---|---|---|
| $K_{PR}$ | 30 | 35 | 20 | 30 | 19 | 22 | 20 | 25 | 20 | 25 |
| d | -1 | +1 | -1 | +1 | -1 | +1 | -1 | +1 | -1 | +1 |

Die Muster der Klasse B besitzen ein stabiles (d = -1), die Muster der Klasse A ein instabiles Verhalten (d = +1).

Die Ergebnisse der Reglereinstellung durch KNN mit $\theta_1$ =-30; $\theta_2$ = -40 und Lernschrittweite $\eta$ = 0,5 sind im Bild 4.18 gezeigt (für $T_v = T_1$). Zum Vergleich ist im Bild 4.18 auch die Stabilitätsgrenze mit dem P-Regler und die Reglereinstellung nach dem Betragsoptimum gegeben, die rechnerisch bestimmt wurden.

**Bild 4.18:** Regler-Einstellung für verschiedene Strecken-Situationen

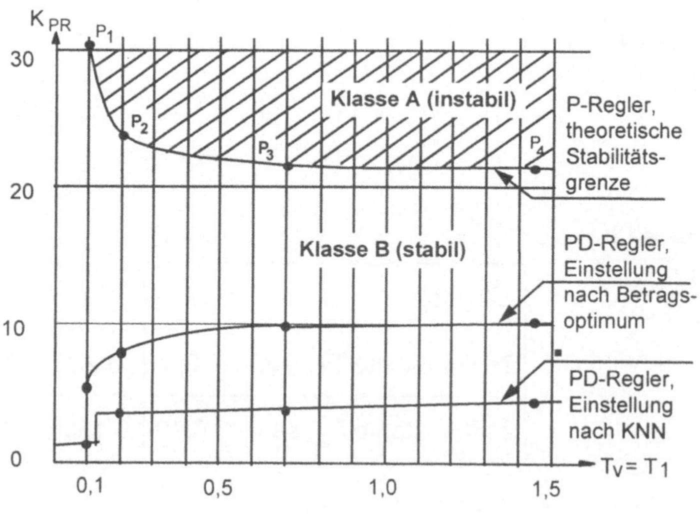

Die Erprobung des entwickelten Verfahrens zeigt, daß es genauso einfach und schnell durchzuführen ist wie ein Schwingungsversuch.

Besonders bei PD-Reglern ermöglicht dieses Verfahren die Wertepaare $K_{PR}$, $T_v$ für den ganzen zulässigen Wertebereich zu ermitteln.

Als Nachteil kann man in erster Linie nennen, daß das Netz nur experimentell untersuchbare Situationen lernen kann.

Ein weiterer Nachteil ist die Tatsache, daß bei komplizierten Stabilitätsgebieten die Anzahl der Neuronen erhöht werden muß, was rechnerischen Aufwand mit sich bringen kann. Andernfalls nimmt die Genauigkeit der Ergebnisse an den Randbereichen ab.

## 4.4 Regelung und Steuerung mit KNN

### 4.4.1 Grundtypen

Die Anwendung von KNN für Regelung und Steuerung ist mit der Fähigkeit zur Erkennung des Zustandes von dynamischen Systemen verbunden.
Die Eingänge des KNN sind Zustandsgrößen des Regelkreises. Die Ausgänge des KNN sind Stellgrößen oder Kennwerte des Reglers. Als Lernverfahren werden hauptsächlich die Verfahren des überwachten Lernens (Fehlerkorrektur) verwendet. Es entsteht damit eine neue Rückführung, nämlich die „Lernrückführung“, die jedoch zeitlich getrennt von der Regelkreisrückführung funktioniert.

Nachstehend sind die Konzepte der Regelung mit KNN aufgeführt:

- Zustandsregelung
- Prädiktive Regelung
- Adaptive Regelung

In bezug auf die Realisierung dieser Konzepte kann man folgende Regelstrukturen nennen:

- Ein-Netz-Verfahren
- Zwei-Netze-Verfahren
- Regler-Netz-Verfahren

Bei der neuronalen Zustandsregelung (Bild 4.19) erhält das KNN an seinem Eingang die Regeldifferenz e(t) und ihre Ableitungen, sowie die Vektoren der Stell- und Regelgrößen y(t) und x(t).

**Bild 4.19:** Neuronale Zustandsregelung (Ein-Netz-Verfahren)

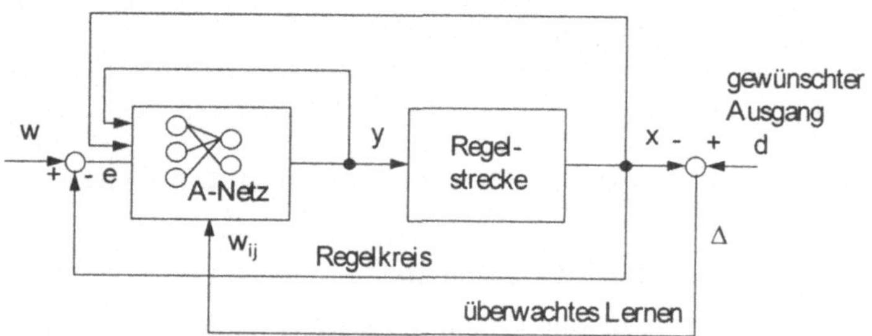


Da der Ausgang des KNN die Stellgröße y(t) ist, wird das Netz in diesem Fall als „Aktionsnetz" oder kurz „A-Netz" bezeichnet.

Zur Optimierung des Regelvorgangs, soll das trainierte A-Netz eine inverse Übertragungsfunktion im Vergleich zur Übertragungsfunktion der Regelstrecke bilden [49].

Die Aufgabe des KNN besteht darin, die eigenen Gewichte $W_{ji}$ nach dem überwachten Lernen so einstellen, daß die Differenz zwischen dem gewünschten Ausgang d und dem aktuellen Ausgang x minimal wird.

Das nächste im Bild 4.20 gezeigte Verfahren gehört zur Kategorie der prädiktiven Regelung und ist hier mit einem Zwei-Netze-Verfahren realisiert.

**Bild 4.20:** Neuronale prädiktive Regelung (Zwei-Netze-Verfahren)

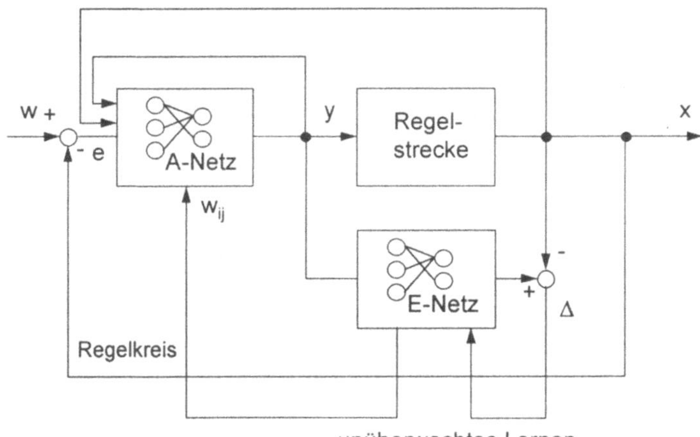


Zunächst wird das „Emulatornetz" (kurz: „E-Netz") mit den Ein- und Ausgängen der Regelstrecke trainiert. Danach wird das A-Netz trainiert, wie in obigem Fall der neuronalen Zustandsregelung (Bild 4.19), doch diesmal durch das E-Netz.

Dieses Verfahren wird auch als „Model Predictive Control" bezeichnet [43] und stellt trotz langer Lernzeit ein leistungsfähiges Verfahren dar.

Die Kombination beider Verfahren (Bild 4.19 und 4.20) ist möglich, indem das A-Netz nicht von dem E-Netz, sondern durch ein überwachtes Lernen unmittelbar von der Regelstrecke zu einer inversen Übertragungsfunktion trainiert wird.

Solche Verfahren sind in der Literatur als „Internal Model Control" bekannt [43].

Die adaptive neuronale Regelung ist im Bild 4.21 an Hand des Regler-Netz-Verfahrens erklärt. Die Gewichte $W_{ji}$ des KNN sind hier den Reglereinstellparametern $K_{PR}$, $T_n$ oder $T_v$ gleichgestellt.

**Bild 4.21:** Neuronale adaptive Regelung (Regler-Netz-Verfahren)

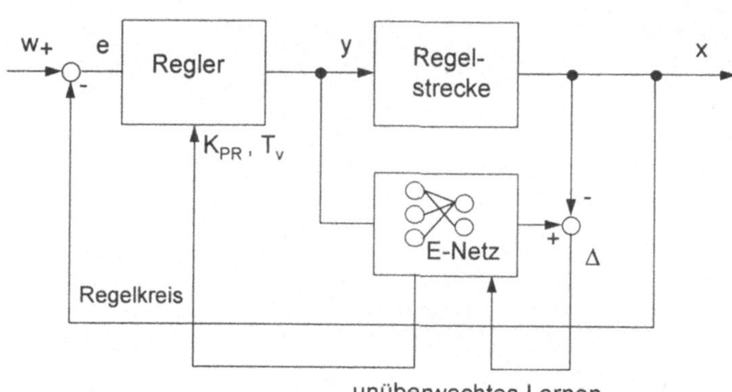


Eine weitere Modifikation dieses Verfahrens entsteht, wenn der Regler durch ein A-Netz ersetzt wird.

Die KNN für die Steuerung werden wiederum mit Ein- oder Zwei-Netze-Verfahren realisiert (Bilder 4.22 und 4.23).

**Bild 4.22:** Neuronale Steuerung: Zwei-Netze-Verfahren

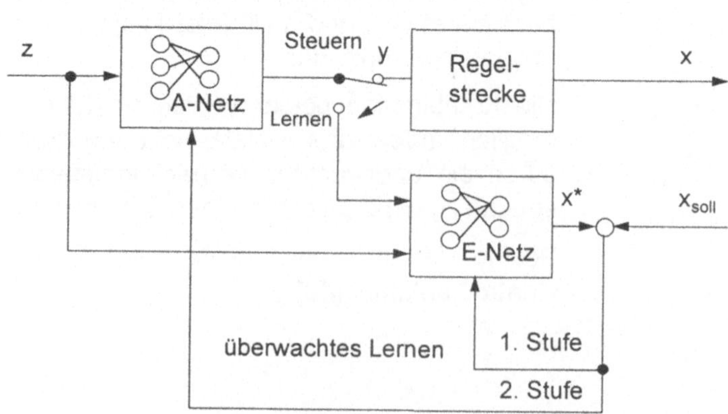

Im Bild 4.22 ist eine modelbasierte Steuerung mit zwei Netzen gezeigt. Wie auch bei der Neuroregelung, unterscheidet man hier folgende zwei Betriebsarten, das Lernen und das Steuern.

Im Bild 4.23 ist eine Steuerung mit einem Ein-Netz-Modell der Systeminversen dargestellt.

**Bild 4.23:** Neuronale Steuerung: Ein-Netz-Verfahren

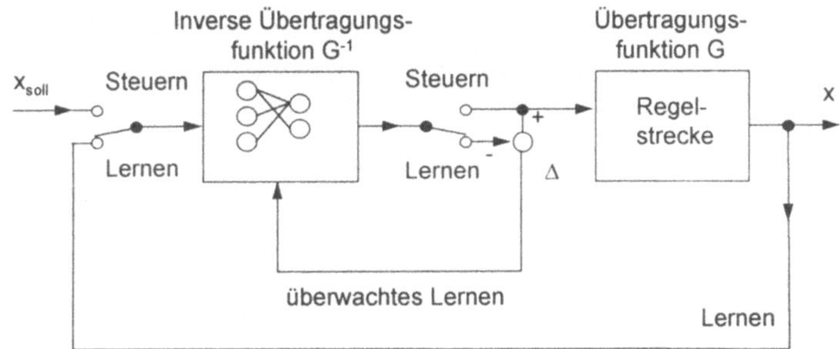


Die Anwendung der oben betrachteten Regelstrukturen wird in nachfolgenden Abschnitten an Hand einiger Beispiele demonstriert.

### 4.4.2 Drehwinkelregelung eines Servomotors

Ein Beispiel der Neuroregelung mit dem Ein-Netz-Verfahren ist im Artikel [36] beschrieben.
Die Übertragungsfunktion der Regelstrecke ist gegeben:

$$G_S(s) = \frac{K_{PS}}{s(1+sT_1)(1+sT_2)},$$

wobei die Zeitkonstanten $T_1$ = 2,85 ms und $T_2$ = 0,28 s sind.

Die Regelgröße x(t) ist der Winkel der Rotorachse. Es wird gefordert, daß keine Überschwingung auftritt.

Die Aufgabe wird mit einer Zustandsregelung nach dem Ein-Netz-Verfahren mit Hilfe von Fuzzy-Assoziative-Memory (FAM) gelöst (Bild. 4.24).

Um eine Regelbasis festzustellen, wird die Regelstrecke vereinfacht:

$$G_s(s) = \frac{K_{PS}}{s \cdot (1 + sT_2)}$$

und dann durch eine z-Transformation in die charakteristische Gleichung überführt: $(z - 1)\cdot(z - 0{,}4) + 0{,}165\cdot K = 0$.

**Bild 4.24:** Beispiel einer Zustandsregelung mit dem Ein-Netz-Verfahren: Drehwinkelregelung eines Servomotors [36]

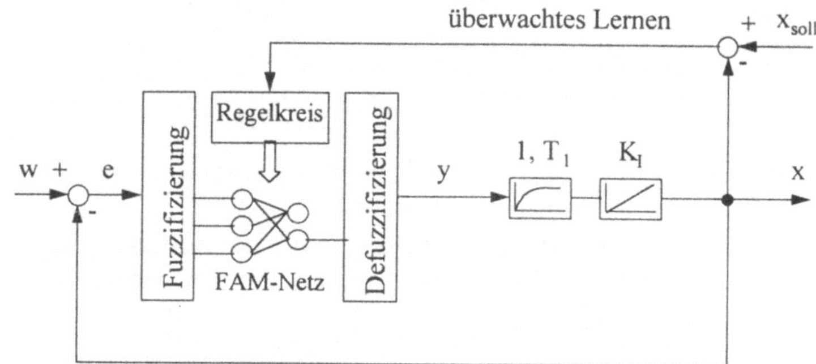


Der Vergleich des realisierten Verfahrens mit dem konventionellen PID-Regler und einem adaptiven MRAC-Regler (Model Reference Adaptive Control) ist in Tabelle 4.4 aufgeführt und zeigt deutlich die Vorteile des Fuzzy-Neuro-Reglers (FAM).

**Tabelle 4.4:** Vergleich der Reglertypen

| Reglertyp | PID | MRAC | FAM |
|---|---|---|---|
| Ausregelzeit, $T_{aus}$, sec | 2,5 | 2,0 | 1,0 |
| Überschwingung, ü% | 10 | 6 | 0 |

### 4.4.3 Stabilisierung eines Pendels

Die Regelstrecke ist ein Wagen mit einem Pendel, der im oberen stabilisierten Zustand in der Mitte der Laufbahn gehalten werden soll (Bild 4.25a).

Die vier Zustandsgrößen sind: der Winkel φ(t) und die Entfernung vom Mittelpunkt x(t) und die Ableitungen von φ(t) und x(t).

Die Stellgröße y(t) ist die Kraft, die schlagartig auf den Wagen wirkt (z.B. y =+10 N oder y= - 10 N).

**Bild 4.25:** Beispiel einer prädiktiven Regelung mit dem Zwei-Netze-Verfahren [3]:
a) Aufgabenstellung
b) Struktur des Verfahrens

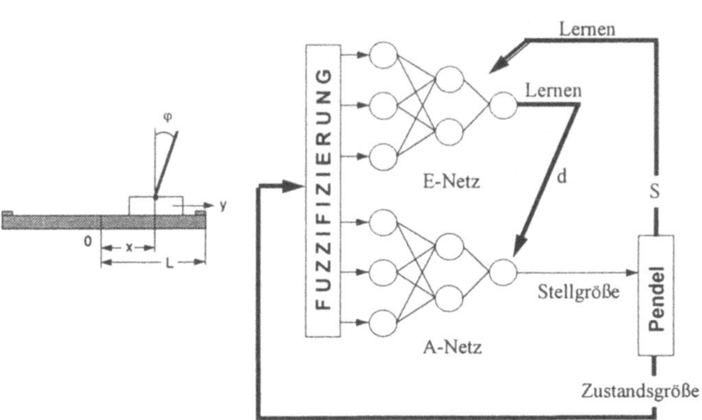


Nach konventionellen Verfahren wird diese Regelaufgabe mit einem Prozeßmodell bzw. Beobachter gelöst, d.h. die Dynamik der Regelstrecke wird mit einem DGL-System simuliert.

Bei der neuronalen prädiktiven Regelung mit dem Zwei-Netze-Verfahren [3] wird die Untersuchung der Systemdynamik durch das Experimentieren mit der Regelstrecke ersetzt (Bild 4.25b).

Die Suche nach optimalen Gewichten findet in einem Bereich von 162 binären Eingangssignalen (6 Bereiche für die Zustandsgröße φ(t) und 3 Bereiche für anderen Zustandsvariablen) statt.

Die Erhöhung der Eingangsanzahl führt zur Verlängerung der Trainingszeiten; bei der Verkleinerung der Anzahl der Eingänge geht die Genauigkeit der Regelung verloren.

Die gewünschten Ausgänge für das E-Netz sind mit S bezeichnet und werden aus Versuchen mit dem Regelkreis gewonnen. Der Ausgang des E-Netzes d wird zum Lernen des A-Netzes als gewünschter Ausgang verwendet. Für eine Stellgröße, die zum stabilen Zustand führt, wird d = 0, ansonsten wird d = -1.

Es wird ein unüberwachtes Lernen nach den Wahrscheinlichkeitsregeln durchgeführt. Der Wert des Ausgangs des A-Netzes ist die Wahrscheinlichkeit P(y), mit der die Stellgröße (Kraft y(t)) positiv wird.

Damit übernimmt das E-Netz die Rolle eines Beobachters und das A- Netz die eines Reglers.

### 4.4.4 Positionsregelung eines Manipulators

Die Regelgröße x(t) ist der Winkel des Manipulators, der ohne Überschwingung schnell eingestellt werden soll.

Die Übertragungsfunktion der Regelstrecke mit dem veränderlichen Trägheitsmoment $a_2$ ist gegeben:

$$G_s(s) = \frac{K_{PS}}{a_2 \cdot s^2 + a_1 \cdot s + a_0}$$

Die anderen Parameter der Regelstrecke bleiben während des Betriebes konstant.

Diese Positionsregelung kann man mit dem konventionellen PD-$T_1$ - oder PID-Regler realisieren.

In [17] wurde diese Aufgabe mit einem adaptiven PD-Regler nach dem Regler-Netz-Verfahren mit Hilfe eines Cohen-Grossberg-Netzes gelöst (Bild 4.26).

Die Gewichte des KNN sind durch die einzustellenden Reglerparameter $K_{PR}$ und $T_v$ dargestellt.

Der Ausgang des Netzes ist durch ein quadratisches Integral-Gütekriterium definiert:

$$I_q = \int_0^\infty [e(t)]^2 \, dt = \int_0^\infty (x(\infty) - x(t))^2 \, dt$$

**Bild 4.26:** Beispiel einer adaptiven Regelung mit dem Regler-Netz-Verfahren: Positionsregelung eines Manipulators [17]

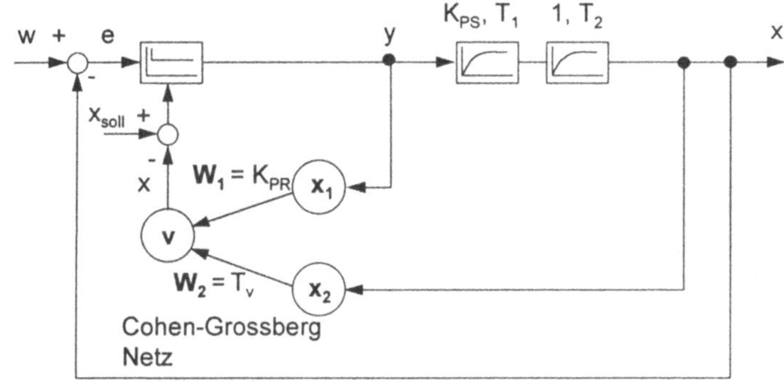


Die Realisierung des Verfahrens in [17] weist auf einen schnellen Einstellprozess des Netzes hin und ist von der Dimension der Zustandsgröße unabhängig. Ein konventioneller PD-$T_1$ -Regler wurde optimal eingestellt und mit dem KNN-Regler verglichen. Wie in der Tabelle 4.5 gezeigt ist, bestätigen die Ergebnisse die Vorteile der neuronalen Regelung.

**Tabelle 4.5:** Reglertypenvergleich

| Reglertyp | PD ohne KNN | PD mit KNN |
|---|---|---|
| Ausregelzeit $T_{aus}$, sec | 30,0 | 5,0 |
| Überschwingung ü% | 110 | 0 |

### 4.4.5 Steuerung von Fahrzeug-Rückwärtsbewegungen

Ein Wagen soll aus einer beliebiger Anfangsstelle $P_0$ mit den Koordinaten $(x_0,y_0)$ und einem beliebigen Winkel $\varphi_0$ in die Endstelle $P_N(x_N, y_N)$ mit dem gegebenen Winkel $\varphi_N$ überführt werden (Bild 4.27a).

Die drei Zustandsgrößen sind die aktuellen Koordinaten $(x_i,(t), y_i(t))$ des Wagens sowie der Winkel $\varphi_i(t)$. Die Stellgröße y(t) ist der Lenkungswinkel $\theta_i(t)$.

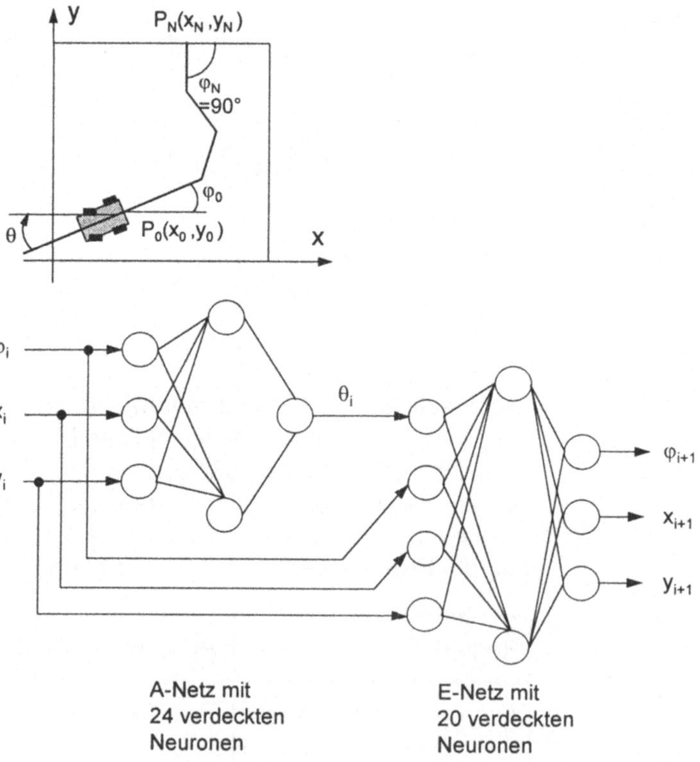


**Bild 4.27:** Beispiel einer Steuerung mit dem Zwei-Netze-Verfahren: Fahrzeug-Rückwärtsbewegung [28]
a) Die Aufgabenstellung
b) Die Struktur des KNN

Die Lösung dieser Aufgabe mit zwei KNN ist in [28] beschrieben.

Erst wurde das E-Netz für verschiedene digitalisierte Zustandsgrößen nach dem überwachten Lernverfahren trainiert und damit ein Modell des Prozesses gebildet (Bild 4.27b). Der gewünschte Ausgang des A-Netzes wird mit Hilfe der mathematischen Erwartung ausgerechnet:

$$E = E_1(x_N - x_i)^2 + E_2(y_N - y_i)^2 + E_3(\varphi_N - \varphi_i)^2$$

Dieses Verfahren wurde in der Arbeit [28] für N = 20 Steuerungen mit den Abtastschritten von $\Delta\varphi = 5°$; $\Delta\theta = 10°$ vom Anfangspunkt $x_0 = 20$; $y_0 = 40$ mit $\Delta x = \Delta y$ durchgeführt.

Der Zielpunkt $P_N$ wird mit den folgenden Werten festgelegt: $x_N = 50$; $y_N = 100$; $\varphi_N = 90°$.

Die Bereiche der Variablenänderung werden durch folgende Begrenzungen definiert:

$$0 \le x, y \le 100 \qquad 0° \le \varphi \le 360° \qquad -30° \le \theta \le 30°$$

Damit entsteht eine Lernsatzdatei des E-Netzes aus 3150 Werten. Die beiden Netze (das E-Netz mit 20 und das A-Netz mit 24 verdeckten Neuronen) lernten nach 3 bis 5 Stunden die Eingangssituationen richtig zu erkennen.

Um die Nachteile des Lernverfahrens (lange Lernzeiten und nicht gewährleistete Konvergierbarkeit) zu beseitigen, wurde in [28] weiter eine Fuzzy-Steuerung benutzt. Damit verbessert sich die Konvergierbarkeit des KNN jedoch nicht wesentlich. Ein neues Problem stellte dabei die Bildung der Regelbasis dar.

Ein Beispiel die Steuerung eines PKWs auf einer zweispurigen Autobahn ist in [54] beschrieben. Die Eingänge des KNN sind: Geschwindigkeit des PKWs, Abstand zum Vorgänger-/ Nachfolgerfahrzeug sowie ihre Geschwindigkeiten, die Kennwerte der Fahrbahn. Die Ausgänge sind: Korrektur der Geschwindikeit und des Lenkwinkels. Ein Backpropagation-Netz war imstande, den Übeholvorgang und das Kurvenfahren zu erlernen und zu realisieren.

## 4.5 Entwurf und Realisierung eines Reglers mit KNN

### 4.5.1 Übersicht

In diesem Kapitel wird der Reglerentwurf eines KNN-Reglers an Hand experimentell gewonnener Lerndaten betrachtet.

In der ersten Entwurfsstufe wird die Bestimmung des Stabilitätsgebiets und der optimale Entwurf des konventionellen Regelkreises mit einem Backpropagation-Netz erarbeitet.

In der zweiten Entwurfsstufe wird der Regelalgorithmus als ein KNN dargestellt, mit einer SPS konfiguriert und realisiert.

### 4.5.2 Stabilitätsuntersuchung

Ein Einzelschicht Perzeptron zur Ermittlung des Stabilitätsgebiets und der Reglereinstellung wurde in [25] entwickelt. Die Bedienoberfläche ist im Bild 4.28 dargestellt.

**Bild 4.28:** Ergebnisse des Lernverfahrens nach den ersten zwei Lernschritten des KNN [25] zur Ermittlung des Stabilitätsgebietes

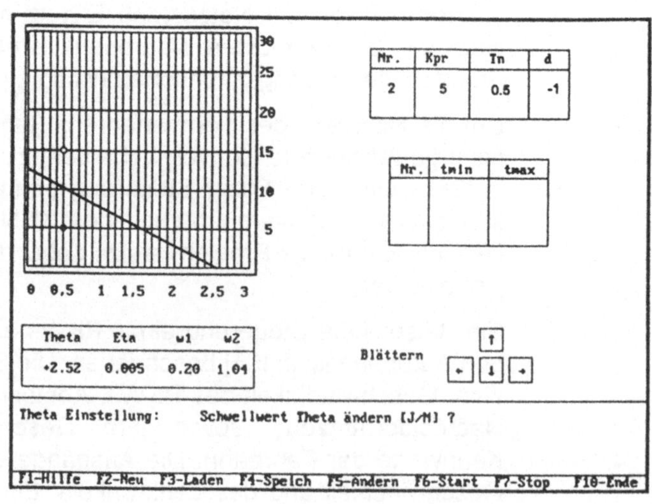

Zum Beginn des Lernverfahrens entscheidet der Benutzer, wieviele Neuronen das KNN besitzen soll. Jedes Neuron kann nur für eine lineare Stabilitätsgrenze trainiert werden.

Die Lernschrittweite sowie die Anfangswerte der Gewichte als auch der Schwellenwerte werden zu Beginn vom Benutzer festgelegt.

Nach den ersten zwei Lernschritten wird der Schwellenwert umgerechnet und bleibt danach beim weiteren Lernvorgang unverändert.

Dieses Programm wurde für die Stabilitätsuntersuchung des Regelkreises mit einem PD-T1-Regler und einer Regelstrekke mit veränderlichen Parametern (nach der im Abschnitt 4.3.3 formulierten Aufgabe, Tabelle 4.2) benutzt.

Die Stabilitätsgrenze dieses Regelkreises, die mit einem aus drei Neuronen bestehenden KNN ermittelt wurde, ist als die obere Grenzlinie im Bild 4.29 dargestellt.

**Bild 4.29:** Lernverfahren des Regelkreises: oben- Stabilitätsgrenze, unten - optimale Regler-einstellung

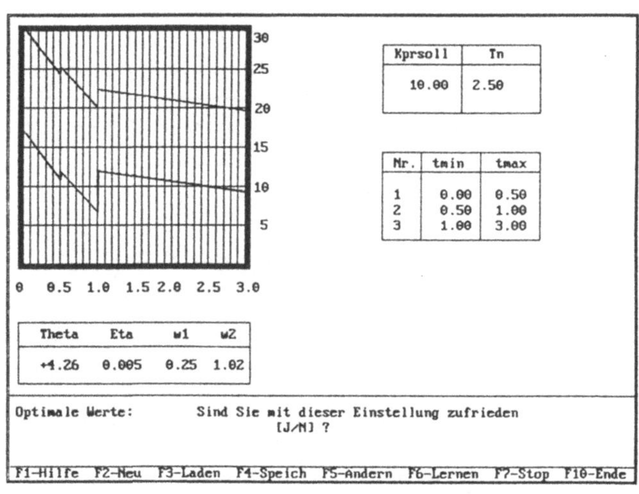

### 4.5.3 Reglereinstellung

Durch Ausprobieren und entsprechende Korrektur des Schwellenwertes des KNN wird die Stabilitätsgrenze in Richtung der gewünschten Reglereinstellung verschoben.

Das Verfahren wird am Beispiel der o.g. Regelstrecke (Abschnitt 4.3.3, Tabelle 4.2) erklärt.

Die gewünschten Werte der Reglereinstellung werden dem KNN nach Ausprobieren mitgeteilt, beispielsweise $K_{PR}$ =10,0 und $T_V$ =2,5 sec.

Dementsprechend wird der Schwellenwert umgerechnet. Als Netzergebnis erhält man neben der Stabilitätsgrenze auch eine entsprechende Reglereinstellung angezeigt (die untere Linie im Bild 4.29).

Zum Vergleich sind die theoretischen optimalen Reglerparameter in der Tabelle 4.6 angegeben.

**Tabelle 4.6**: Regler-Einstellung nach dem Betrags-optimum

| Situation | P1 | P2 | P3 | P4 |
|---|---|---|---|---|
| Parameter $K_{PR}$ | 5,26 | 7,41 | 9,52 | 10,00 |
| Parameter $T_V$ ,sec | 0,19 | 0,135 | 0,105 | 0,100 |

### 4.5.4 Konfigurierung des N-Reglers

Ein konventioneller linearer Regler kann den 4 Situationen der Regelstrecke nicht gerecht werden, da für jede Situation jeweils ein Parameterpaar benötigt wird.

Auch die Wahl einer Kompromiss-Reglereinstellung erfüllt die Forderung nach der 5%-igen maximalen Überschwingung nicht.

Im Bild 4.30 (Kurve 1) sind die Ergebnisse eines solchen PD-$T_1$-Reglers mit $K_{PR}$ =1,4; $T_v$ =0,2s und $T_R$ /$T_v$ =0,1 für die Situation P4 dargestellt.

Zur Lösung des Problems der optimalen Reglereinstellung für alle 4 Situationen der Regelstrecke (Abschnitt 4.3.3, Tabelle 4.2) hat man grundsetzlich zwei Alternativen:

1) Als erste Lösung wird ein adaptiver Regler entworfen, der die Streckensituation 100 ms nach dem Eingangssprung erkennt und anschließend seine Parameter gemäß der KNN-Vorgaben des Bildes 4.29 einstellt. Die Forderung nach der 5%-igen Überschwingung wird damit, wie die Simulationsergebnisse für die Situation P4 im Bild 4.30 (Kurve 2) bestätigen, erfüllt.

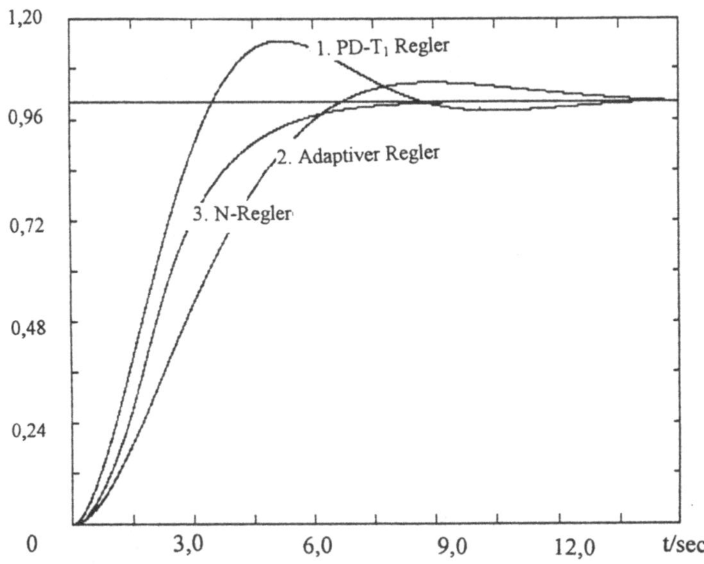


**Bild 4.30:** Sprungantworten des Regelkreises mit verschiedenen Reglertypen für die Streckensituation P4 ( T1 = 1,44 sec; T2 = 0,10 sec)

2) Als zweite Alternative zur Verbesserung der Regelgüte und Vereinfachung des Regelalgorithmus wird ein nichtlinearer Regler entworfen, dessen prinzipieller Aufbau im Bild 4.31 erklärt ist.

Die Regeldifferenz e(t) aktiviert eine oder mehrere der 5 Baugruppen (Bild 4.31). Als Beispiel ist die statische Kennlinie für die Baugruppe ZE gezeigt:

$$\alpha_{ZE} = -K_{ZE} \cdot e + S_{P_{ZE}} \qquad 0 < e < 0{,}1$$
$$\alpha_{ZE} = +K_{ZE} \cdot e + S_{P_{ZE}} \qquad -0{,}1 < e < 0$$

Das Ausgangssignal jeder Baugruppe wird erstellt, wenn der Aktivierungswert $\alpha_i$ positiv und kleiner als der Schwellenwert $S_{Pi}$ ist.

Die Parameter $K_i$ und $S_{pi}$ definieren die Steigung und die Größe der Spitze des Dreiecks (z.B. $K_{ZE}$ = 10 und $S_{PZE}$ =1). Der Schwellenwert $\theta_i$ ist für die Mitte des Dreiecks verantwortlich (z.B. $\theta_{ZE}$ = 0; $\theta_{SP}$ = -0.1; $\theta_{SN}$ = 0.1).

**Bild 4.31:** Wirkungsplan des nichtlinearen N-Reglers. Neuron ZE und seine statische Kennlinie

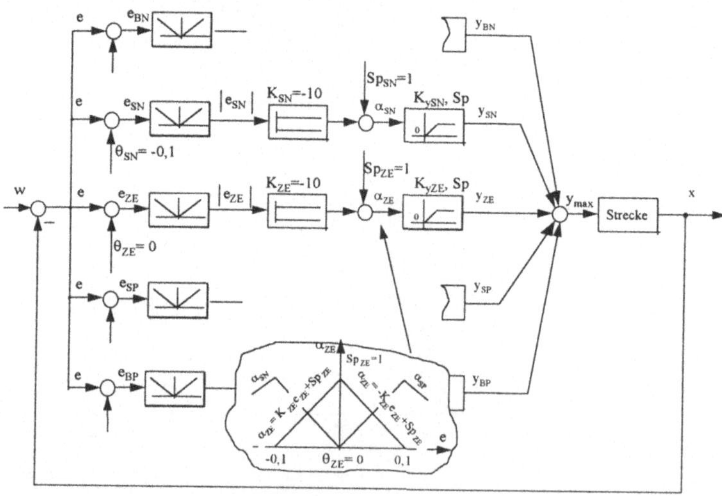


Die Blöcke $K_{yi}$ erzeugen und begrenzen die Stellsignale $y_i$ (z.B. $K_{yZE}$ = 10; $K_{ySP}$ = 20; $K_{yBP}$= 40).

Als Stellsignal des Reglers wird das maximale Signal $y_{max}$ aus den Stellsignalen $y_i$ erstellt.

Der nichtlineare Regler, der als N-Regler bezeichnet ist, besteht aus parallelen Baugruppen (Neuronen) ZE (Zero), SP (Small Positiv), BP (Big Positiv), SN (Small Negativ), BN (Big Negativ) usw. Die Stellgröße ist die gewichtete Summe aus den einzelnen Neuroneneingängen. Der analoge N-Regler funktioniert ohne Regelbasis, Inferenz- und Defuzzifizierungs-Mechanismen. Hier findet keine Gewichtsänderung statt; ein Lernverfahren sollte schon vorher durchgeführt werden.

Das Simulationsergebnis des N-Reglers für die Streckensituation P4 ist im Bild 4.32, Kurve 1, dargestellt. Die Sprungantworten der einzelnen Neuronen (Kurve 2 für ZE, Kurve 3 für SP) zeigen den Verlauf der Aktivierungsprozesse.

Die Verbesserung der Regelgüte des Regelkreises mit dem N-Regler ist aus dem Vergleich mit den Sprungantworten des Regelkreises mit linearen und adaptiven Reglern deutlich zu erkennen (Bild 4.30, Kurve 3).

**Bild 4.32:** Sprungantworten des Regelkreises mit dem N-Regler: Kurve 1 - die Regelgröße; Kurven 2 u. 3 - die einzelnen Neuronen

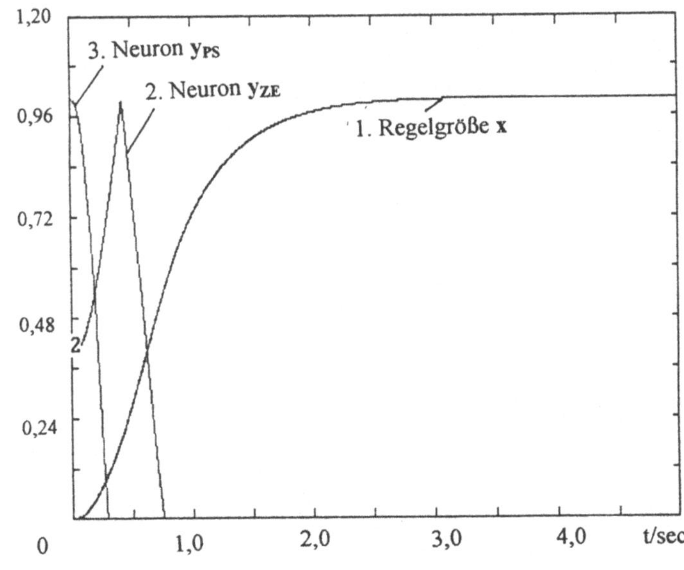

### 4.5.5 Realisierung

Die einzelnen Verfahren des Reglerentwurfs werden zu einem Arbeitsplatz für Neuronale Regelung und Steuerung (ANRS) mit KNN zusammengestellt (Bild 4.33).

**Bild 4.33:** Prinzipieller Aufbau des ANRS

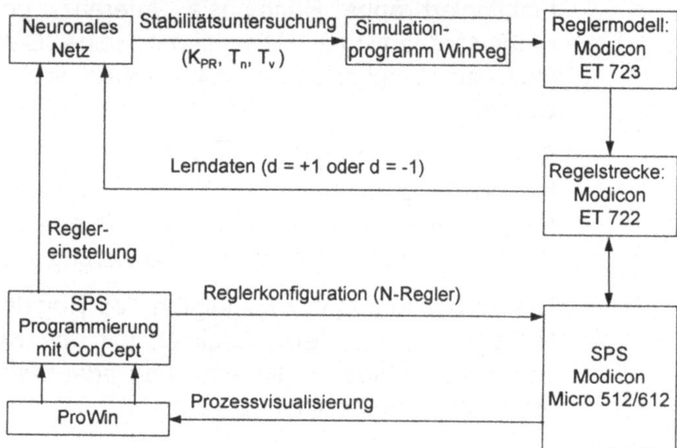


Als Regelstrecke für Versuchs- bzw. Lernzwecke werden die Modicon-Simulationstafeln Reaktionsgefäß ET722 und Regelstreckentafel ET723 benutzt.

Die Simulationstafel ET722 stellt das statische und dynamische Verhalten des Reaktors für Temperatur und Füllstand dar. Der Prozeßzustand wird durch Leuchtdioden und der Prozeßablauf mit Lauflichtern angezeigt.

Die Regelstreckentafel ET723 stellt das dynamische Verhalten der regelungstechnischen Grundelemente dar, die mittels des Simulationsprogramms WinReg zur gewünschten Form konfiguriert und anschließend zur Simulationstafel übertragen werden.

Im Zusammenwirken mit SPS-Funktionen können die Aufgaben der Stabilitätsuntersuchung und Reglereinstellung für verschiedene Zustände des Reaktors (Temperatur, Füllstand, Rührwerks) mit dem oben erwähnten KNN-Programm [25] bearbeitet werden.

# 5. Übungsaufgaben mit Lösungen

## 5.1 Übungsaufgaben

### Aufgabe 1

Beschreiben Sie für die unten gegebene Neuronenstruktur und die Verteilung der Eingangswerte $x_1$, $x_2$:
a) die Grenze zwischen den Mustern
b) die statische Kennlinie des Neurons
c) den Lernalgorithmus

**Bild 5.1**:
I. Neuron
II. Aktivierungs-funktion
III. Muster

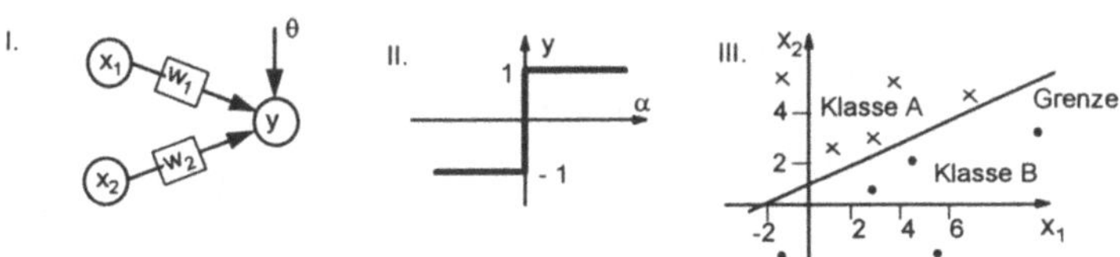


### Aufgabe 2

Ein Einzelschicht Perzeptron mit zwei Eingängen $x_1$, $x_2$ und einem Ausgang y konvergiert zu einer Geraden NN, die unten im Bild 5.2 gezeigt ist. Der Schwellenwert des Netzes ist $\theta = 2$. Wie groß sind die Gewichte $W_1$ und $W_2$ ?

**Bild 5.2**:
Verteilung der Eingangswerte

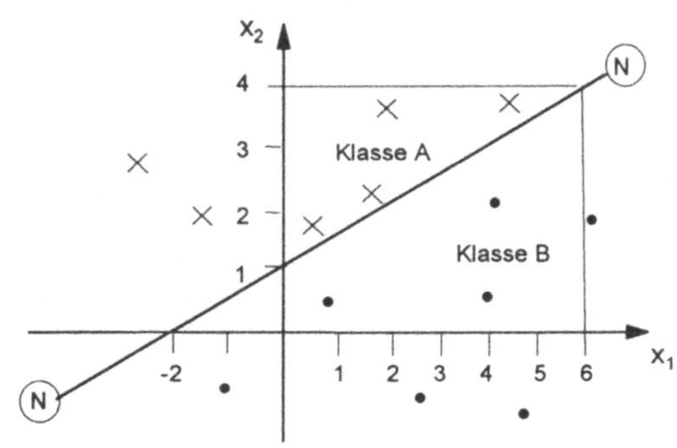

## Aufgabe 3

Die Lerndatei eines Einzelschicht Perzeptrons mit zwei Eingängen $x_1$, $x_2$ und einem Ausgang y ist unten gegeben: $(x_1, x_2, d) = (5,4,1)$ und $(7,4,1)$. Die Gewichte sind $W_1 = -7$ und $W_2 = 9$. Der Schwellenwert ist $\theta = 2$ und wird während des Lernens nicht verändert. Berechnen Sie die Gewichtsänderungen mit der Lernschrittweite $\eta = 0,1$ und zeigen Sie graphisch, wie sich die Lage der Grenzgeraden ändert.

## Aufgabe 4

Die Verteilung zweier Klassen A und B ist als Gerade KK im Bild 5.3 gezeigt. Das Einzelschicht Perzeptron mit dem Schwellenwert $\theta = 2$ und der statischen Kennlinie vom Typ Z2 (Abschnitt 2.2) konvergiert nach dem Lernverfahren zu folgenden Gewichten $W_1 = 0,5$; $W_2 = 0,4$.
Dem Perzeptron werden drei Eingangsvektoren zur Erkennung vorgegeben:
1) $P_1$ mit $x_1 = 8$ und $x_2 = -4$ (gehört zur Klasse B mit d = -1)
2) $P_2$ mit $x_1 = 4$ und $x_2 = 4$ (gehört zur Klasse A mit d = 1)
3) $P_3$ mit $x_1 = -2$ und $x_2 = 7$ (gehört zur Klasse A mit d = 1)
Welche Eingangsvektoren werden von dem Perzeptron richtig erkannt ?

**Bild 5.3:** Musterverteilung zu Aufgabe 4

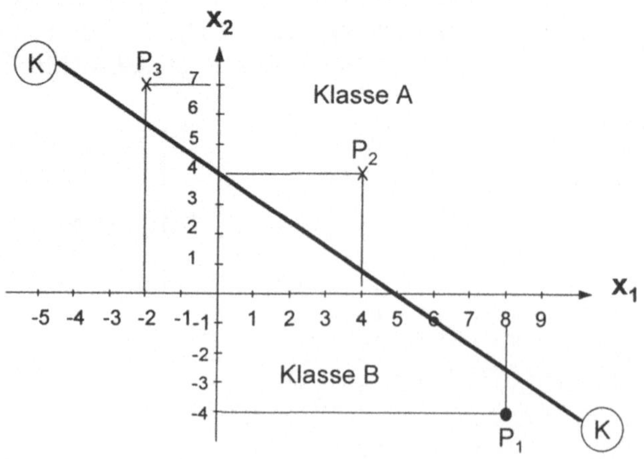

**Aufgabe 5**

Die Gewichtsänderungen während des Lernvorgangs eines Netzes sind in nachfolgender Tabelle eingetragen.

| $W_1$ | -7 | -5 | -3 | -1 | -1 | -1 | -1 | -1 | -1 | -1 |
|---|---|---|---|---|---|---|---|---|---|---|
| $W_2$ | 9 | 9 | 9 | 9 | 9 | 7 | 5 | 3 | 1 | 1 |

Stellen Sie fest, nach welchem Verfahren (Koordinaten- oder Gradientenabstieg) das Netz trainiert wurde.

**Aufgabe 6**

Das Lernen eines Netzes nimmt seinen Anfang in:
a) Punkt $P_1$ mit den Koordinaten $W_1 = -3$ und $W_2 = 20$
b) Punkt $P_2$ mit den Koordinaten $W_1 = -4$ und $W_2 = 10$
Die Änderungen der Gewichte und des Fehlers E während des Lernens nach dem Gradientenabstiegsverfahren sind in nachfolgenden Tabellen zusammengefaßt.

| $P_1$ | $W_1$ | -3 | -4 | -5 | -6 | -7 | -8 | -9 |
|---|---|---|---|---|---|---|---|---|
| | $W_2$ | 20 | 17,4 | 15 | 12,6 | 10 | 7,5 | 5 |
| $P_2$ | $W_1$ | | | | -4 | -4,8 | -5,7 | -6,5 |
| | $W_2$ | | | | 10 | 8 | 5 | 3 |

| Fehler E | 0,07 | 0,06 | 0,05 | 0,04 | 0,03 | 0,02 | 0,01 |
|---|---|---|---|---|---|---|---|

Mit welchem Fehler wird das Lernverfahren beendet, wenn es im Punkt $P_3$ mit $W_1 = -4$ und $W_2 = 14$ beginnt ?

**Aufgabe 7**

Die Ergebnisse der Minimierung eines Fehlermaßes E nach zwei unterschiedlichen Verfahren sind im Bild 5.4 gezeigt. Beantworten Sie folgende Fragen:
a) Um welche Suchverfahren handelt es sich ?

b) Welches Suchverfahren funktioniert schneller ?
c) Welcher Algorithmus ist einfacher ?
d) Konvergiert das Netz zu einem lokalen oder zu einem globalen Minimum ?
e) Mit welchen Operationen läßt sich das globale Minimum erreichen ?

**Bild 5.4:** Vergleich: Minimierungsverfahren

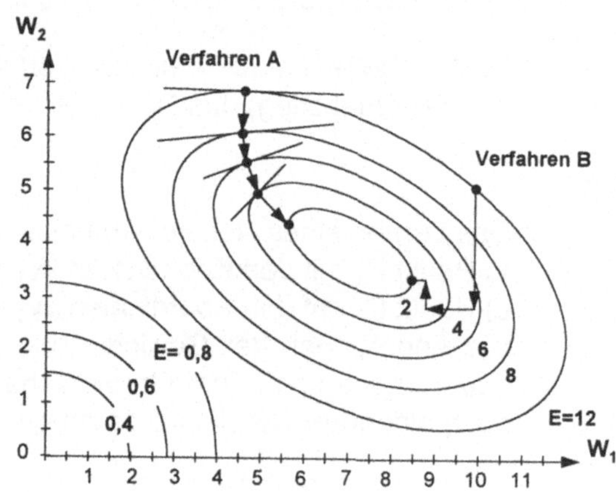


## Aufgabe 8

Welche logische Funktion (AND, OR, XOR) hat das unten gezeigte Perzeptron gelernt? Die Ein- und Ausgänge sind binär (0,1). Das verdeckte Neuron besitzt die statische sigmoide Kennlinie vom Typ S1 (Abschnitt 2.2) und das Ausgangsneuron die Zweipunkt-Kennlinie vom Typ Z1.

**Bild 5.5:** Mehrschicht Perzeptron

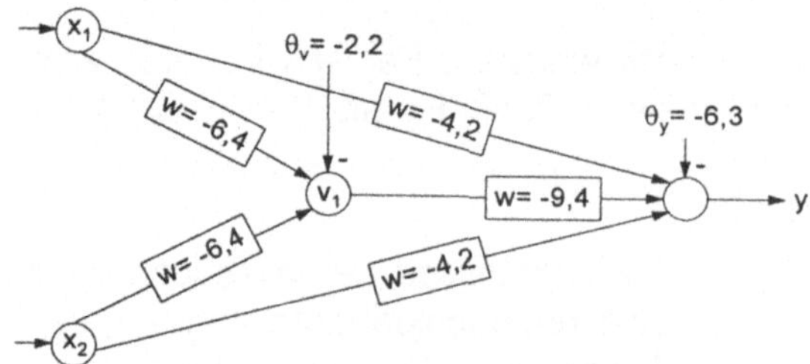

## Aufgabe 9

Ein Mehrschicht Perzeptron mit Zweipunkt-Kennlinie vom Typ Z1 (Abschnitt 2.2) wurde trainiert ein XOR-Problem zu erkennen (Bild 5.7a). Wie ändern sich die Schwellenwerte der verdeckten Neuronen $\theta_{v1}$ und $\theta_{v2}$, wenn sich das Musterbild, wie im Bild 5.7b gezeigt, verschiebt? (Alle anderen Netzparameter bleiben konstant.)

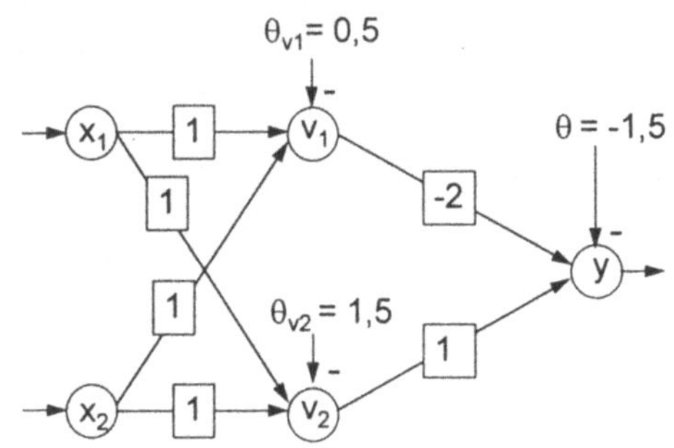


**Bild 5.6:** Mehrschicht Perzeptron

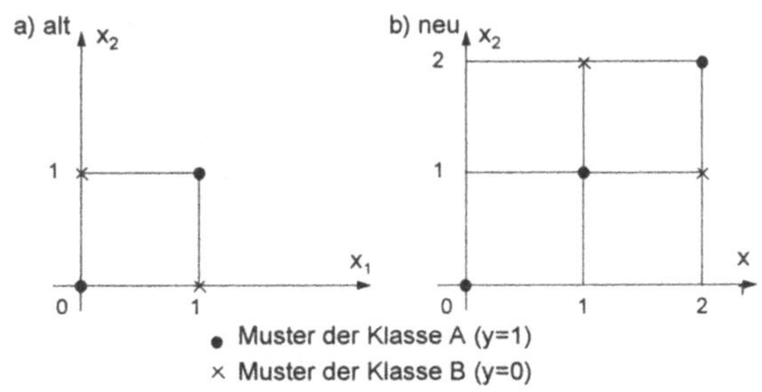


**Bild 5.7:** Klasseneinteilung

## Aufgabe 10

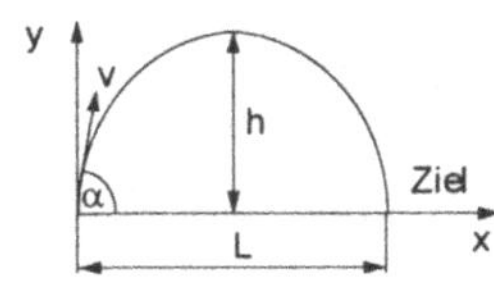


Ein Roboter soll lernen, Steine so zu werfen, daß ein in L Meter entferntes Ziel nach t Sekunden getroffen wird. Die Steuerungsparameter des Steinwurfes sind:

- die Geschwindigkeit v(m/s)
- der Winkel $\alpha$ (Radient)

Ein Perzeptron (Bild 5.8) mit $N_x$ = 2 Eingangsneuronen, $N_{ver}$ = 5 verdeckten Neuronen und $N_y$ = 2 Ausgangsneuronen wurde für diesen Zweck entwickelt [38, S.67-84].

**Bild 5.8:** Mehrschicht Perzeptron [38, S.67-84]

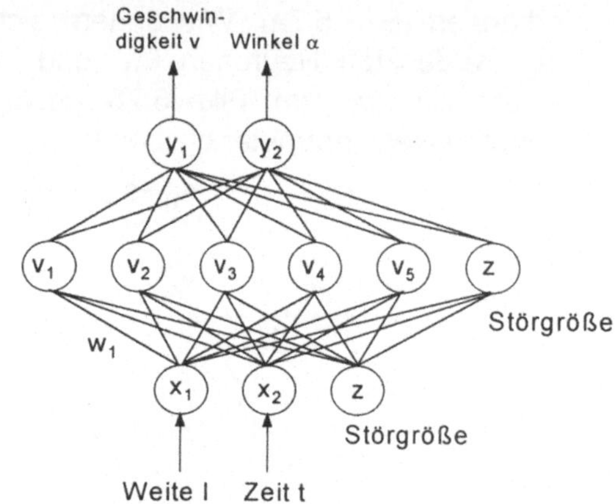


Die Ein- und Ausgänge wurden dabei normiert:

$$x_1 = \frac{L}{L_{max}} = \frac{L}{\frac{10000}{9{,}8}}; \quad x_2 = \frac{t}{t_{max}} = \frac{t}{\frac{200}{9{,}8}}$$

$$v = y_1 \cdot 100; \quad \alpha = y_2 \cdot \frac{\pi}{2}$$

Das geschulte Netz besitzt folgende Gewichtsmatizen

$$W_1 = \begin{bmatrix} -4{,}22 & -0{,}15 & 0{,}86 & -8{,}61 & 4{,}11 \\ 2{,}5 & 5{,}49 & -6{,}35 & 1{,}33 & 4{,}28 \\ 2{,}02 & -5{,}26 & 0{,}68 & -0{,}87 & -0{,}52 \end{bmatrix} \quad W_2 = \begin{bmatrix} -4{,}15 & 1{,}61 \\ 6{,}87 & 1{,}58 \\ 1{,}55 & -5{,}78 \\ 1{,}35 & 6{,}64 \\ 4{,}94 & 0{,}18 \\ -1{,}41 & -0{,}9 \end{bmatrix}$$

Aus diesen Angaben läßt sich folgende Aufgabenstellung ableiten:

a) Schreiben Sie ein Programm, daß die Ausgangszustände des Netzes berechnet und ausgibt.

b) Mit welcher Geschwindigkeit und mit welchem Winkel wird der Roboter einen Stein werfen, um ein Ziel in 510 m Entfernung nach 12 sec zu treffen? Die Störgröße ist z=1.

c) Vergleichen Sie die Empfehlungen des Netzes mit den Ergebnissen der klassischen Mechanik.

## Aufgabe 11

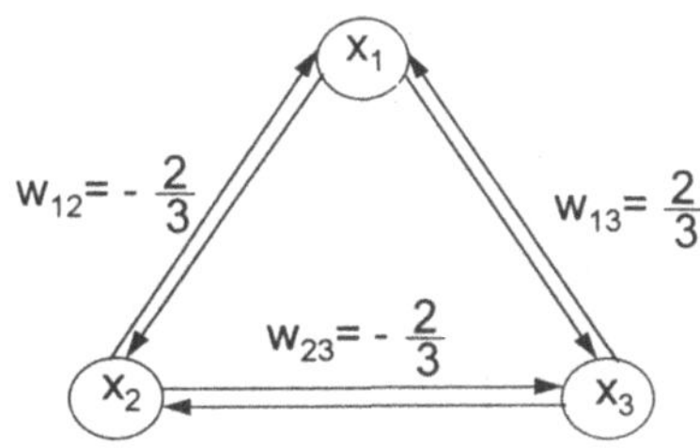


**Bild 5.9:** Hopfield-Netz [18, S.294-296]

Ein Hopfield-Netz mit den symmetrischen Gewichten ($W_{ij} = W_{ji}$) ist links dargestellt. Jedes Eingangsneuron kann 2 Zustände annehmen (+1, -1). Die Neuronen besitzen Z2-Kennlinien (Abschnitt 2.2).

Bestimmen Sie:

a) Bei welchem Eingangsvektor ($x_1$, $x_2$, $x_3$) wird die Energie des Netzes minimal?

b) Zu welchem Zustand konvergiert das Netz aus dem Eingangszustand (1, 1, 1) bzw. (-1, -1, -1) ?

c) Wie ändern sich die Ergebnisse von Punkt a) und b), wenn alle Gewichte proportional vergrößert werden? (z.B. $W_{12} = W_{23} = -2$; $W_{13} = 2$)

## Aufgabe 12

Ein Hopfield-Netz mit drei Neuronen ist im Bild 5.10 gezeigt. Das Energiediagramm und die Übergänge zwischen den Zuständen mit den entsprechenden Wahrscheinlichkeiten sind im Bild 5.11 gegeben. Die Wahrscheinlichkeit jedes Übergangs beträgt P = 1/3.

Wie groß ist die Wahrscheinlichkeit des Übergangs von Zustand ( 0 0 1 ) in den Zustand

a) ( 0 1 0 ) b) ( 1 0 0 ) c) ( 1 1 1 )

**Bild 5.10:** Hopfield-Netz [1, S.103-105]

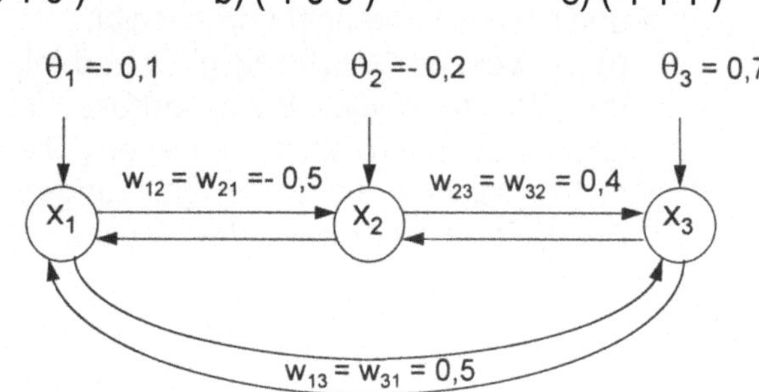


**Bild 5.11:** Energie-Diagramm des Hopfield-Netzes [1, S.103-105]

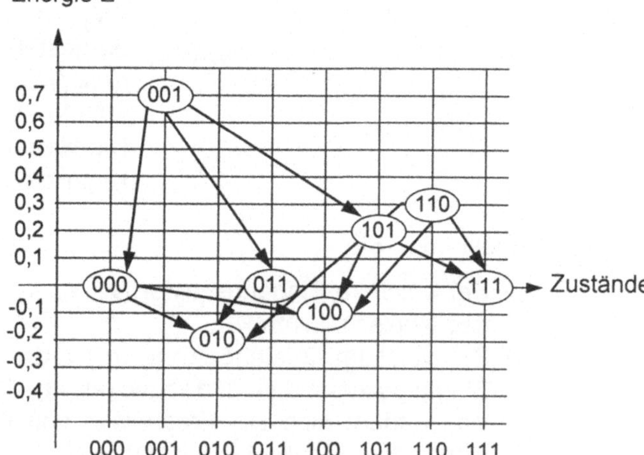


## Aufgabe 13

Die Aktivierungsfunktion y = f($\alpha$) eines Neurons ist durch die statische Zweipunkt-Kennlinie vom Typ Z1 (Abschnitt 2.2) beschrieben, wobei y der Ausgang des Neurons und $\alpha$ der Aktivierungswert ist.

a) Mit welcher Wahrscheinlichkeit wird das Neuron aktiv (y = 1), wenn $\alpha$ = 0,5 ist ? Bezeichnen Sie diese Wahrscheinlichkeit als P(1).

b) Wie groß ist dabei die Wahrscheinlichkeit P(0) eines Ausgangs y=0 ?
c) Nun ist der Ausgang des Neurons nicht y, sondern die Wahrscheinlichkeit P(y). Wie ändern sich die Wahrscheinlichkeiten P(1) und P(0) ?
d) Beantworten Sie die Fragen a) und b) für eine sigmoide Kennlinie vom Typ S1 (Abschnitt 2.2).

**Aufgabe 14**

Das Kosko's BAM-Netz [38, S.34-35] mit N=6 Neuronen der 1.Schicht und M=4 Neuronen der 2. Schicht hat 4 Musterpaare gelernt.

Muster 1: $x_1 = (\ 1\ \ 1\ -1\ -1\ \ 1\ \ 1)$ $y_1 = (-1\ \ 1\ \ 1\ \ 1)$

Muster 2: $x_2 = (\ 1\ \ 1\ \ 1\ -1\ -1\ -1)$ $y_2 = (\ 1\ -1\ \ 1\ -1)$

Muster 3: $x_3 = (\ 1\ -1\ \ 1\ -1\ \ 1\ \ 1)$ $y_3 = (\ 1\ \ 1\ -1\ -1)$

Muster 4: $x_4 = (-1\ \ 1\ \ 1\ \ 1\ -1\ -1)$ $y_4 = (-1\ \ 1\ \ 1\ -1)$

Die dabei entstehende Gewichtsmartix ist unten dargestellt.

$$W = \begin{bmatrix} 2 & 0 & 0 & 0 \\ -2 & 0 & 4 & 0 \\ 2 & 0 & 0 & -4 \\ -2 & 0 & 0 & 0 \\ 0 & 2 & -2 & 2 \\ -2 & 0 & 0 & 4 \end{bmatrix}$$

a) Überprüfen Sie, ob das Netz bei der Eingabe des Musters $x_4$ richtig funktioniert, d.h. die Antwort $y_4$ ausgegeben wird.
b) Wo liegt die theoretische Obergrenze für die Anzahl der gespeicherten Musterpaare ?

**Aufgabe 15**

Ein IAC-Netz [1, S.158] weist nach dem Training auf einen bestimmten Eingang folgende Tabelle auf:

| Keine | Klasse A | Klasse B |
|---|---|---|
| 0000 | 0001 | 0100 |
| 0111 | 0010 | 0101 |
| 1000 | 0011 | 0110 |
| 1111 | 1001 | 1100 |
| | 1010 | 1101 |
| | 1011 | 1110 |

Welcher der unten gezeigten Eingangsmuster 1 bzw. 2 werden als A bzw. B klassifiziert ?

| Eingangsmuster 1: | ?**1**?? |
|---|---|
| Eingangsmuster 2: | ?**0**?? |

**Aufgabe 16**

Ein Neuron mit sigmoider statischer Kennlinie vom Typ S1 (Abschnitt 2.2) ist gegeben. Linearisieren Sie die statische Kennlinie des Neurons im Arbeitspunkt $\alpha_0$ = 0,7 für kleine Abweichungen. Berechnen Sie den entstandenen Linearisierungsfehler, wenn der Arbeitspunkt nach $\alpha$ = 0,6 verschoben wird.

**Aufgabe 17**

Linearisieren Sie die sigmoide statische Kennlinie S2 (Abschnitt 2.2) für kleine Abweichungen vom Arbeitspunkt $\alpha_0 = 0$.

**Aufgabe 18**

Eine P-$T_2$-Regelstrecke wird mit einem PI-Regler geregelt. Der Wirkungsplan des Regelkreises ist im Bild 5.12 gegeben. Die Parameter der Regelstrecke sind:

$K_{PS}$ = 0,1; $T_1$ = 1 sec.; $T_2$ = 4 sec. Skizzieren Sie in einem Diagramm mit den Koordinatenachsen $K_{PS}$ und $T_n$ die Stabilitätsgrenze. Das stabile Gebiet kennzeichnen Sie als Klasse B und das instabile Gebiet als Klasse A. Die Zeitkonstante des Reglers $T_n$ kann im Bereich von 0,1 sec bis 0,6 sec variiert werden. Zu welcher Klasse gehört die Reglereinstellung $K_{PR}$ = 10, $T_n$ = 0,5 sec ?

**Bild 5.12:** Regelkreis mit PI-Regler und P-$T_2$-Strecke

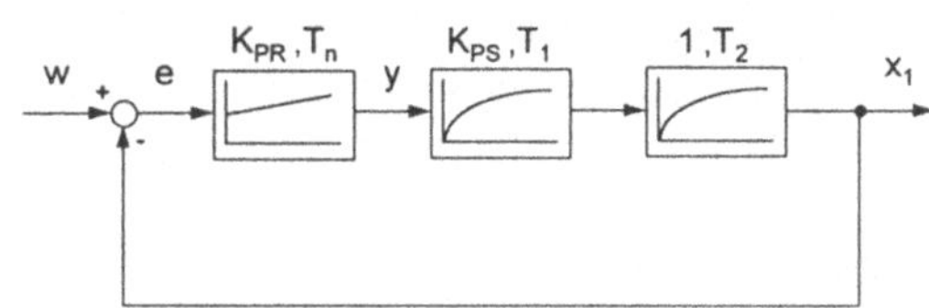


## Aufgabe 19

Eine Regelstrecke, die aus einem I-Glied mit dem Integrierbeiwert $K_{Is}$ und zwei P-T1-Gliedern mit den Parametern $K_{Ps}$, $T_1$ und $T_2$ besteht (siehe Bild 4.17, Abschnitt 4.3.3), wird mit einem PD-Regler geregelt. Die Zeitkonstanten $T_1$ und $T_2$ ändern sich während des Betriebes und können vier verschiedene Werte annehmen:

| Situation | 1 | 2 | 3 | 4 |
|---|---|---|---|---|
| Zeitkonstante $T_1$, sec | 1 | 2 | 4 | 10 |
| Zeitkonstante $T_2$, sec | 1 | 5 | 10 | 20 |

**Bild 5.13:** Reglerein-stellung mit dem Mehrschicht Perzeptron

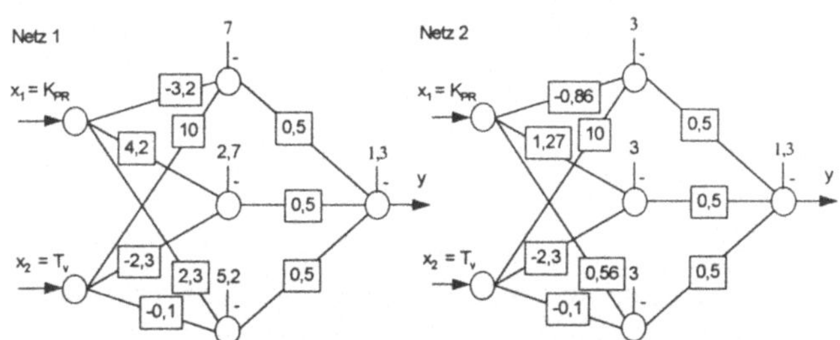


Um diese Regelstrecke mit nur einem Regler zu regeln, wurde ein Mehrschicht Perzeptron aufgrund der

experimentellen Untersuchung geschult. Die Eingangsneuronen sind die Reglereinstellparameter $K_{PR}$ und $T_v$. Der Ausgang des KNN ist y = -1 für stabile Zustände des Regelkreises und y = +1 für instabile. Die Neuronen besitzen Zweipunkt-Kennlinien vom Typ Z2 (Abschnitt 2.2).

Welches der beiden im Bild 5.13 gezeigten Netze ermöglicht eine Reglereinstellung, die allen 4 Streckensituationen gerecht wird? Vergleichen Sie die vom KNN bestimmte Stabilitätsgrenze mit der theoretischen Stabilitätsgrenze für den Fall $K_{Is} = 4\ sec^{-1}$; $K_{Ps} = 0{,}125$.

## Aufgabe 20

Ein Mehrschicht Perzeptron wurde trainiert, das Stabilitätsgebiet D (Bild 5.14) eines Regelkreises mit einem PI-Regler und P-T3-Strecke zu erkennen.
Die Neuronen haben Zweipunkt-Kennlinien vom Typ Z2 (Abschnitt 2.2). Jedes verdeckte Neuron bildet eine Teilgrenze. Bei dem Ausgang y = +1 ist der Regelkreis instabil, bei y = -1 stabil.
Wie muß der Schwellenwert θ eingestellt werden, damit das Netz richtig funktioniert ?

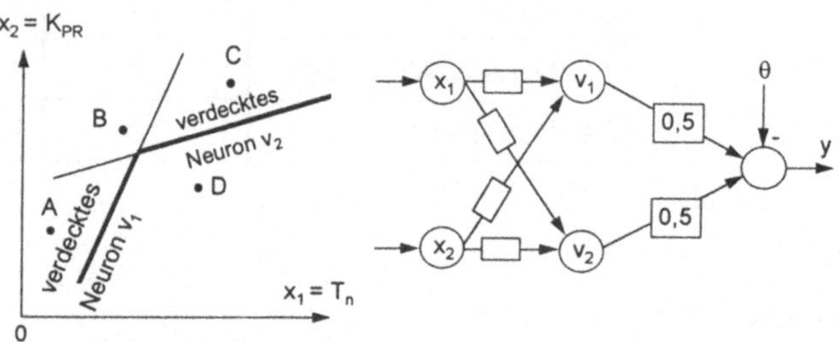


**Bild 5.14:** Stabilitätsgrenze eines Regelkreises, bestimmt durch KNN

## Aufgabe 21

Erstellen Sie die Wirkungspläne mit regelungstechnischen Elementen der Vorwärtssignalübertragung für das Mehrschicht Perzeptron und das Comparator-Netz.

## 5.2 Lösungen

### Lösung 1

a) Die Grenze bildet sich nach der Gleichung: $x_2 = a \cdot x_1 + b$, wobei $a = 0{,}5$ und $b = 1$ ist.

b) Die statische Kennlinie des Neurons ist vom Typ Z2 (Abschnitt 2.2)

c) Das Flußdiagramm des Lernverfahrens ist im Bild 5.15 gegeben.

**Bild 5.15:** Algorithmus des Einzelschicht Perzeptrons

| Gewichte $W_1$, $W_2$ initialisieren | |
|---|---|
| Eingänge $x_1$, $x_2$ und Soll-Ausgang d eingeben | |
| Aktivierung $\alpha = W_1 \cdot x_1 + W_2 \cdot x_2 - \theta$ berechnen | |
| Netzausgang y berechnen: $y = f(\alpha)$ | |
| Fehler E berechnen: $E = d - y$ | |
| Gewichte korrigieren: $W_{1(neu)} := W_1 + \eta \cdot E \cdot x_1$<br>$W_{2neu)} := W_2 + \eta \cdot E \cdot x_2$ | |
| Lernvorgang abbrechen? | |
| ja | nein |
| $W_1$, $W_2$ ausgeben | Eingabe wiederholen |

### Lösung 2

Die Grenze NN entspricht der Gleichung $\alpha = 0$ oder

$\alpha = W_1 \cdot x_1 + W_2 \cdot x_2 - \theta = 0$, woraus folgt

$$x_2 = -\frac{W_1}{W_2} \cdot x_1 + \frac{\theta}{W_2}$$

Andererseits ist die Gerade NN durch die Gleichung a) der Lösung 1 zu beschreiben: $x_2 = a \cdot x_1 + b$, wobei $a = 0{,}5$ und $b = 1$ ist. Aus dem Koeffizientenvergleich folgt:

$$\frac{\theta}{W_2} = b \qquad \Rightarrow \qquad W_2 = \frac{\theta}{b} = \frac{2}{1} = 2$$

$$-\frac{W_1}{W_2} = a \qquad \Rightarrow \qquad W_1 = -a \cdot W_2 = -1$$

somit ist $W_1$ = -1 und $W_2$ = 2.

**Lösung 3**

Die Gewichtsänderung erfolgt nach dem Algorithmus der Lösung 1. Die Ergebnisse sind unten zusammengefaßt:

| $x_1$ | $x_2$ | $W_1(t)$ | $W_2(t)$ | y | d | $W_1(t+1)$ | $W_2(t+1)$ | Gerade |
|---|---|---|---|---|---|---|---|---|
| 5 | 4 | -7 | 9 | -1 | 1 | -6 | 9,8 | $b_1$ |
| 7 | 4 | -6 | 9,8 | -1 | 1 | -4,6 | 10,6 | $b_2$ |

Daraus folgen die Geradengleichungen (siehe Lösung 1):
Gerade $b_1$:

$$x_2 = -\frac{-7}{9} \cdot x_1 + \frac{2}{9} = 0{,}78 \cdot x_1 + 0{,}22$$

Gerade $b_2$:

$$x_2 = -\frac{-6}{9{,}8} \cdot x_1 + \frac{2}{9{,}8} = 0{,}61 \cdot x_1 + 0{,}2$$

Diese Geraden sind im Bild 5.16 skizziert.

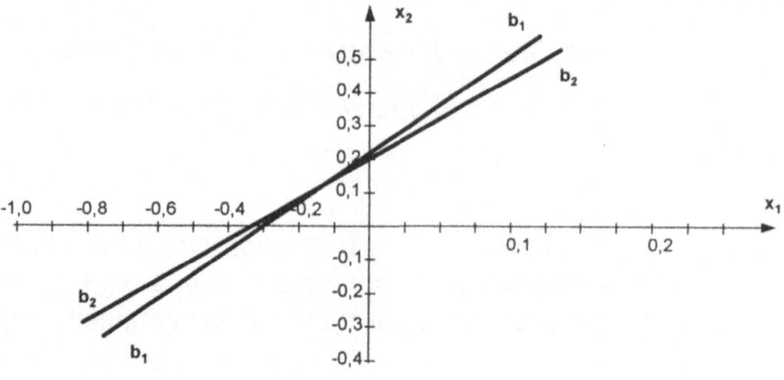


**Bild 5.16:** Grenzgerade zu Lösung 3

## Lösung 4

Die Aktivierungswerte und die Ausgänge des Perzeptrons mit den trainierten Gewichten $W_1 = 0{,}5$ und $W_2 = 0{,}4$ sind:

1) Punkt P1: $\alpha = 0{,}5 \cdot 8 + 0{,}4 \cdot (-4) = 2{,}4 > 0$, d.h. y = 1 und der Fehler d - y =-1 - 1 = -2. Damit ist die Erkennung falsch.
2) Punkt P2: $\alpha = 0{,}5 \cdot 4 + 0{,}4 \cdot 4 = 3{,}6 > 0$, d.h. y = 1 und der Fehler d - y = 1 - 1 = 0. Die Erkennung ist korrekt.
3) Punkt P3: $\alpha = 0{,}5 \cdot (-2) + 0{,}4 \cdot 7 = 1{,}8 > 0$, d.h. y = 1 und der Fehler d - y = 1 - 1 = 0. Die Erkennung ist korrekt.

## Lösung 5

Die Gewichtsänderung ist im Bild 5.17 graphisch dargestellt. Hieraus erkennt man, daß es sich um das Koordinatenabstiegsverfahren handelt.

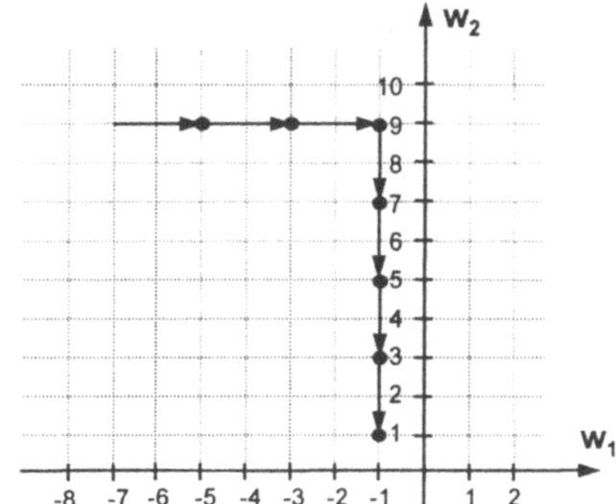


**Bild 5.17:** Koordinatenabstiegsverfahren

## Lösung 6

Nach dem Gradientenabstiegsverfahren soll der Lernweg immer senkrecht zu den Linien der gleichen E-Ebenen sein. Diese Linien sind im Bild 5.18 für $E_1$, $E_2$, ... $E_6$ skizziert.
Daraus folgt der Weg des Lernverfahrens für Punkt P3, wie im Bild 5.18 gezeigt.
Das Lernverfahren wird mit dem Fehler $E = E_6 = 0{,}01$ beendet.

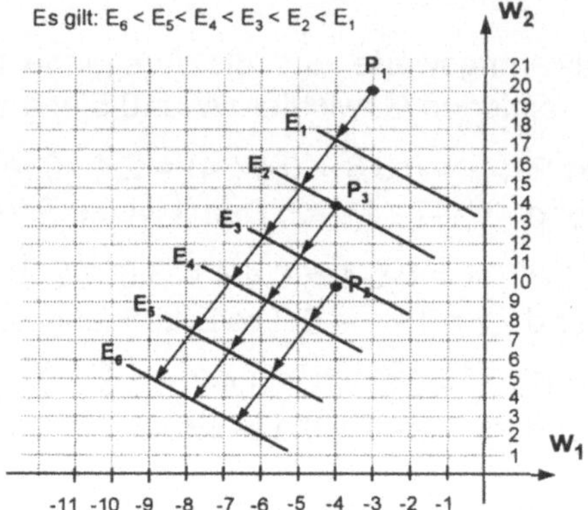


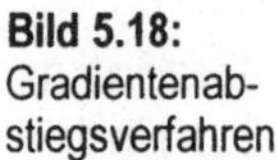
**Bild 5.18:** Gradientenabstiegsverfahren

## Lösung 7

a) Das Verfahren A ist das Gradientenabstiegsverfahren und das Verfahren B ist das Koordinatenabstiegsverfahren.

b) Das Gradientenabstiegsverfahren funktioniert schneller.

c) Einfacher ist das Koordinatenabstiegsverfahren.

d) Das Netz im Bild 5.4 konvergiert zu einem lokalen Minimum. Das globale Minimum befindet sich bei E = 0,4.

e) Die Minimumsuche muß von verschiedenen, zufällig ausgewählten Anfangspunkten wiederholt werden, um das globale Minimum zu finden.

## Lösung 8

Die ausführliche Beschreibung dieses Netzes findet man in [7, S.77].
Da die Neuronen nur zwei Werte annehmen können, werden alle möglichen Eingangskombinationen (0 ,0), (0, 1), (1, 0); (1, 1) überprüft. Die Aktivierungswerte und die Ausgänge werden wie folgt berechnet:

$$\alpha_v = -6{,}4 \cdot x_1 - 6{,}4 \cdot x_2 - (-2{,}2) \Rightarrow v_1 = \frac{1}{1 + e^{-\alpha}}$$

$$\alpha_y = -4{,}2 \cdot x_1 - 4{,}2 \cdot x_2 - 9{,}4 \cdot v_1 - (-6{,}3)$$

$$\Rightarrow \begin{Bmatrix} y = 1 & \text{wenn} & \alpha_y > 0 \\ y = 0 & \text{wenn} & \alpha_y < 0 \end{Bmatrix}$$

Die Ergebnisse für alle Netzzustände sind unten in der Tabelle zusammengefaßt.

| Eingänge | | verdecktes Neuron | | Ausgangs-neuron | | Klasse |
|---|---|---|---|---|---|---|
| $x_1$ | $x_2$ | $\alpha_v$ | $v_1$ | $\alpha_y$ | y | |
| 0 | 0 | 2,2 | 0,91 | -2,3 | 0 | A |
| 0 | 1 | -4,2 | 0,01 | 1,3 | 1 | B |
| 1 | 0 | -4,2 | 0,01 | 1,3 | 1 | B |
| 1 | 1 | -10,6 | 0 | -2,1 | 0 | A |

Aus der Tabelle folgt, daß das Perzeptron die logische XOR-Funktion gelernt hat.

**Lösung 9**

$$\theta_{v1(neu)} = \theta_{v1(alt)} + 2 = 0{,}5 + 2 = 2{,}5$$

$$\theta_{v2(neu)} = \theta_{v2(alt)} + 2 = 1{,}5 + 2 = 3{,}5$$

**Lösung 10**

a) Ein komplettes Programm mit dem Lernverfahren dieses Netzes findet man in [38, S.67-84].

b) Wenn L = 510 m und t = 12 sec, dann werden die Neuroneneingänge nach [38, S.67-84] normiert:

$$x_1 = \frac{L}{L_{max}} = \frac{510 \cdot 9{,}8}{10000} = 0{,}5 \quad ; \quad x_2 = \frac{t}{t_{max}} = \frac{12 \cdot 9{,}8}{200} = 0{,}59$$

Die verdeckten Neuronen:

$v_1 = 0{,}8$ $v_2 = 0{,}11$ $v_3 = 0{,}07$ $v_4 = 0{,}01$ $v_5 = 0{,}98$

Die Ausgangsneuronen:
$y_1 = 0{,}73$ $y_2 = 0{,}61$

Damit ergeben sich folgende Parameter des Steinwurfes:

- Geschwindigkeit:

$$v = y_1 \cdot 100 = 73 \frac{m}{sec}$$

- Winkel:

$$\alpha = y_2 \cdot \frac{\pi}{2} = 0{,}95\,\text{Rad} \cong 54{,}4^\circ$$

c) Die Formeln der Mechanik sind:

$$L = \frac{v^2 \cdot \sin(2\alpha)}{g}$$

$$L = \frac{\left(73 \frac{m}{s}\right)^2 \cdot \sin(108{,}8^\circ)}{9{,}81 \frac{m}{s^2}} = 313{,}8m$$

$$t = 2 \cdot v \cdot \frac{\sin(\alpha)}{g}$$

$$t = \frac{2 \cdot 73 \frac{m}{s} \cdot \sin(54{,}4^\circ)}{9{,}81 \frac{m}{s^2}} = 8{,}3\,\text{sec}$$

Der entstandene Unterschied zu den Netzergebnissen ist damit zu erklären, daß das Netz mit Meßwerten und vorhandener Störgröße gelernt hat, die in der Berechnung nicht berücksichtigt wurde. Mehr über dieses Mehrschicht Perzeptron kann man in [38. S. 68-84] nachlesen.

**Lösung 11**

Die komplette Lösung findet man in [18, S.294-296].

a) Um den Netzzustand mit minimaler Energie zu bestimmen, kann man alle $2^3 = 8$ Zustände überprüfen.

Die Energie des Netzes wird nur für Neuronen mit +1 Werte berechnet. Dies ist in der folgenden Formel für (1, 1, 1) gezeigt:

$$E = -\sum_{i=1}^{3} x_i \cdot \sum_{j=1}^{3} W_{ij} \cdot x_j$$

$$E = -\left[1 \cdot \left(-\frac{2}{3} \cdot 1 + \frac{2}{3} \cdot 1\right) + 1 \cdot \left(-\frac{2}{3} \cdot 1 - \frac{2}{3} \cdot 1\right) + 1 \cdot \left(\frac{2}{3} \cdot 1 - \frac{2}{3} \cdot 1\right)\right] = \frac{4}{3}$$

Aus Bild 5.19 erkennt man die Lösung E = -4.

**Bild 5.19:** Netzzustände (für +1 schraffiert gezeigt)

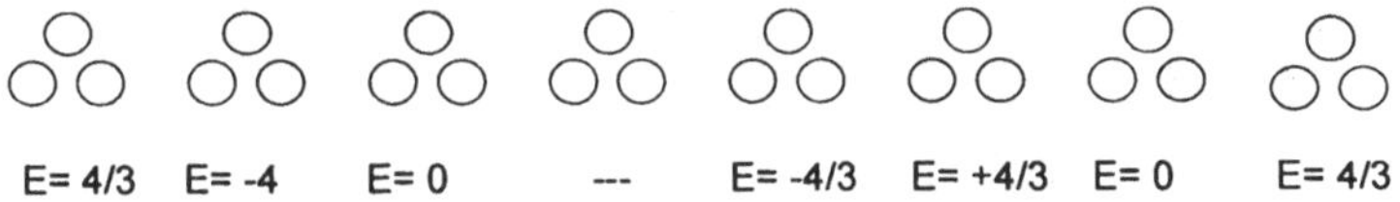

E= 4/3 E= -4 E= 0 --- E= -4/3 E= +4/3 E= 0 E= 4/3

b) Die Netzübergänge sind im Bild 5.20 mit Pfeilen verdeutlicht.

**Bild 5.20:** Netzübergänge

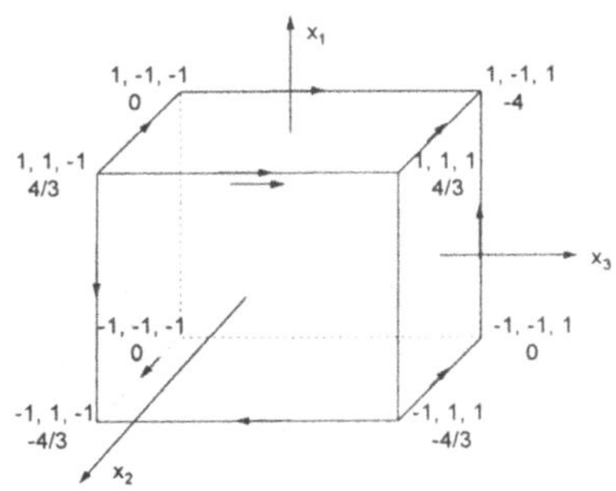

Daraus folgen die Übergänge:

- aus dem Zustand (1, 1, 1) mit der Energie E = 4/3 in den Zustand (1,-1,1) mit der kleineren Energie E= -4
- aus dem Zustand (-1, -1, -1) mit der Energie E=0 in den Zustand mit der kleineren Energie E = - 4/3

c) Bei einer proportionalen Änderung der Gewichte ändern sich auch die positiven und negativen Energien proportional, z.B. für (1, 1, 1):

$$E = -[1\cdot(-2\cdot 1 + 2\cdot 1) + 1\cdot(-2\cdot 1 - 2\cdot 1) + 1\cdot(2\cdot 1 - 2\cdot 1)] = 4$$

Das Netzübergangsdiagramm bleibt unverändert.

**Lösung 12**

Die vollständige Lösung findet man in [1, S. 103-105].

Aufgrund des Diagramms kann man folgende Tabelle mit den Wahrscheinlichkeiten der Übergänge bilden.

| Anfangszustand | Endzustand | Wahrscheinlichkeit |
|---|---|---|
| a) | | |
| 0 0 1 | 0 0 0 | 1/3 |
| 0 0 1 | 0 1 1 | 1/3 |
| 0 0 0 | 0 1 0 | 1/2 |
| 0 1 1 | 0 1 0 | 1 |
| daraus folgt | | |
| 0 0 1 | 0 1 0 | 1/3·1/2+1/3·1=1/2 |
| b) | | |
| 0 0 1 | 0 0 0 | 1/3 |
| 0 0 0 | 1 0 0 | 1/2 |
| 0 0 1 | 1 0 1 | 1/3 |
| 1 0 1 | 1 0 0 | 1/2 |

oder

| | | |
|---|---|---|
| 0 0 1 | 1 0 0 | 1/3·1/2+1/3·1/2=1/3 |

c)

| | | |
|---|---|---|
| 0 0 1 | 1 0 1 | 1/3 |
| 1 0 1 | 1 1 1 | 1/2 |

oder

| | | |
|---|---|---|
| 0 0 1 | 1 1 1 | 1/3·1/2=1/6 |

Der wahrscheinlichste Endzustand, ausgegangen von (0 0 1), ist also der Zustand (0 1 0) mit dem minimalen Energiewert E = -0,2.

Es besteht jedoch die Möglichkeit, daß das Netz zu den „falschen" Stellen (1 1 0) und (1 1 1) mit den Wahrscheinlichkeiten von 1/3 und 1/6 konvergiert (lokale Minima).

**Lösung 13**

a) Die Wahrscheinlichkeit des "1" Ausgangs für $\alpha > 0$ ist P= 1

b) Die Wahrscheinlichkeit des "0" Ausgangs für $\alpha > 0$ ist
$P(0) = 1 - P(1) = 0$

c) Die Angaben unter den Punkten a) und b) ändern sich nicht.

d) Für $\alpha = 0{,}5$ ist $e^{-\alpha} = 0{,}61$ und

$$P(1) = \frac{1}{1 + 0{,}61} = 0{,}62 \qquad P(0) = 1 - P(1) = 0{,}38$$

**Lösung 14**

Eine ausführliche Lösung kann [38, S. 34-35] entnommen werden.

a) $\alpha_1 = 2\cdot(-1) - 2\cdot 1 + 2\cdot 1 - 2\cdot 1 + 0\cdot(+1) - 2\cdot(-1) = -2$ $\quad y_1 = -1$
$\alpha_2 = 0\cdot(-1) + 0\cdot 1 + 0\cdot 1 + 0\cdot 1 + 2\cdot(-1) - 0\cdot(-1) = -2$ $\quad y_2 = -1$
$\alpha_3 = 0\cdot(-1) + 4\cdot 1 + 0\cdot 1 + 0\cdot 1 - 2\cdot(-1) - 0\cdot(-1) = 6$ $\quad y_3 = 1$
$\alpha_4 = 0\cdot(-1) + 0\cdot 1 - 4\cdot 1 + 0\cdot 1 - 2\cdot(-1) + 4\cdot(-1) = -10$ $\quad y_4 = -1$

Das Netz kommt zu einem falschen Wert: statt $y_4$ = (-1 1 1 -1) wird (-1 -1 1 -1) ausgegeben.

Damit konvergiert das Netz zu einem falschen Zustand.

b) Die maximale Anzahl der gespeicherten Muster ist L<min (N, M). Für den vorliegenden Fall mit N = 6 und M = 4 darf das Netz maximal 3 Musterpaare lernen.

**Lösung 15**

Der komplette Lösungsweg ist bei [1, S. 158] nachzulesen. Aus der gegebenen Tabelle folgt, daß das Eingangsmuster mit einer „0“ in der 2. Reihe als A und mit einer „1“ in der 2. Reihe als B erkannt wird.
Damit gehört das Eingangsmuster 1 zur Klasse B und Eingangsmuster 2 zur Klasse A.

**Lösung 16**

Die linearisierte Kennlinie ist im Bild 5.20 skizziert:

$$y_e = k \cdot \alpha_e \quad \text{mit} \quad k = \left(\frac{dy}{d\alpha}\right)_0$$

Da im Arbeitspunkt

$$y_0 = \frac{1}{1+e^{-\alpha}} = \frac{1}{1+0{,}5} = 0{,}67$$

ist, ergibt sich nach [18, S.41]

$$k = \left(\frac{dy(\alpha)}{d\alpha}\right)_0 = y_0 \cdot (1 - y_0) = 0{,}67 \cdot (1 - 0{,}67) = 0{,}15$$

**Bild 5.20:** Statische Kennlinie S1

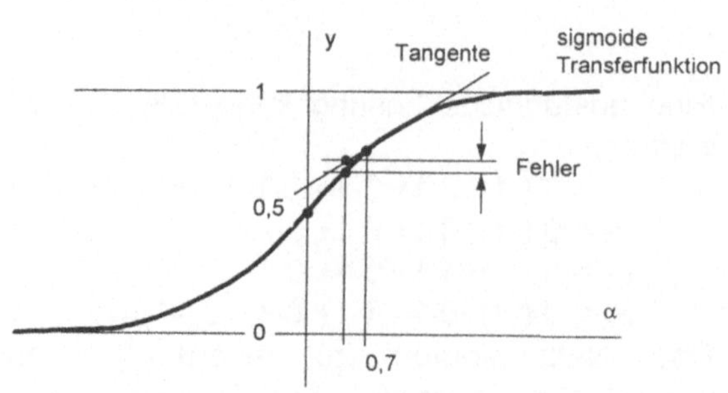

Um den Linearisierungsfehler zu berechnen, soll der exakte Wert y in diesem Punkt bestimmt werden (y= 0,646) und mit dem linearisierten Wert $y_{Tangente}$= 0,655 verglichen.

Der Fehler beträgt 1,39 %, d.h. wenn der Arbeitspunkt um 15% geändert wird, ist der Fehler kleiner als 1,4%.

## Lösung 17

Der Ausgang des Neurons im Arbeitspunkt $\alpha_0 = 0$ ist:

$$y_0 = \frac{1 - e^{-2\alpha_0}}{1 + e^{-2\alpha_0}} = \frac{1 - e^{-2 \cdot 0}}{1 + e^{-2 \cdot 0}} = 0$$

Bestimmt man die Abweichungen vom Arbeitspunkt $y_e = y - y_0$ und $\alpha_e = \alpha - \alpha_0$, so ist die linearisierte Gleichung bekanntlich die Funktion $y_e = k \cdot \alpha_e$, wobei k die Ableitung ist:

$$k = \left(\frac{dy}{d\alpha}\right)_0$$

Um die Berechnung der Ableitungen zu vereinfachen, kann man die Formel nach [18, S.42] benutzen:

$$k = \left(\frac{dy(\alpha)}{d\alpha}\right)_0 = \frac{1}{2} \cdot \left[1 - y_0(\alpha)\right] = \frac{1}{2} \cdot (1 - 0) = 0{,}5$$

## Lösung 18

Die Stabilitätsgrenze ist im Bild 5.21 gezeigt. Die Reglereinstellung $K_{PR} = 10$, $T_n = 0{,}5$ gehört zur Klasse B (stabil).

**Bild 5.21:** Stabilitätsgrenze

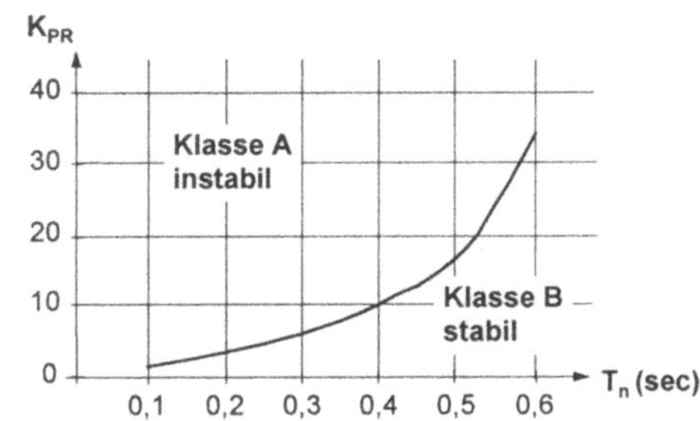

## Lösung 19

Die theoretische Stabilitätsgrenze ergibt sich aus dem Stabilitätskriterium nach Hurwitz.
Die Übertragungsfunktion des offenen Regelkreises ist:

$$G_0(s) = \frac{K_{PR} \cdot K_{PS} \cdot K_{Is} \cdot (1 + sT_v)}{s \cdot (1 + sT_1) \cdot (1 + sT_2)}$$

Für den geschlossenen Kreis ergibt sich die Übertragungsfunktion

$$G_w(s) = \frac{G_0(s)}{1 + G_0(s)},$$

woraus die charakteristische Gleichung folgt:

$$s^3 \cdot T_1 \cdot T_2 + s^2 \cdot (T_1 + T_2) + s \cdot (1 + K_{PR} \cdot K_{PS} \cdot K_{Is} \cdot T_v) + K_{PR} \cdot K_{PS} \cdot K_{Is} = 0$$

Nach den Hurwitz-Stabilitätsbedingungen ergibt sich folgende Funktion:

$$K_{PR} < \frac{1}{K_{PS} \cdot K_{Is} \cdot \left( \frac{T_1 \cdot T_2}{T_1 + T_2} - T_v \right)}$$

Die entsprechenden Stabilitätsgrenzen für alle vier Kombinationen von $T_1$ und $T_2$ sind im Bild 5.22 eingetragen.

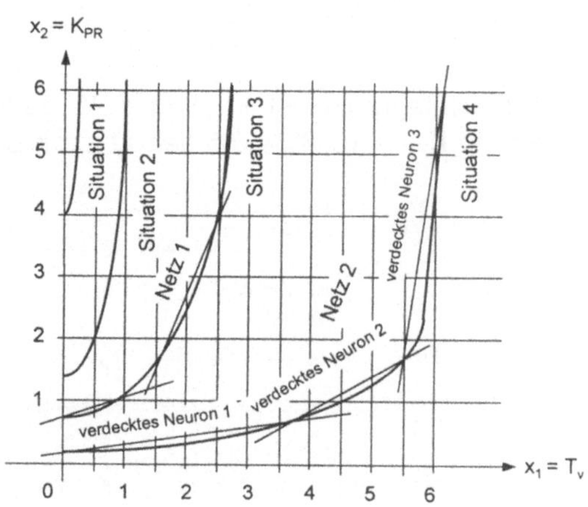


**Bild 5.22:** Stabilitätsgrenzen nach dem Hurwitz-Kriterium (Kurven) und nach KNN (Geraden)

Das Mehrschicht Perzeptron bildet diese Grenzen mit Hilfe von 3 verdeckte Neuronen mit den Aktivitäten
$\alpha_{vj} = W_{j1} \cdot x_1 + W_{j2} \cdot x_2 - \theta_{vj}$, wobei $x_2 = K_{PR}$ und $x_1 = T_v$ ist:
Netz 1: $\alpha_{v1} = -3{,}2 \cdot x_1 + 10 \cdot x_2 - 7$
Netz 2: $\alpha_{v1} = -0{,}86 \cdot x_1 + 10 \cdot x_2 - 3$
Netz 1: $\alpha_{v2} = 4{,}2 \cdot x_1 - 2{,}3 \cdot x_2 - 2{,}7$
Netz 2: $\alpha_{v2} = 1{,}27 \cdot x_1 - 2{,}3 \cdot x_2 - 3$
Netz 1: $\alpha_{v3} = 2{,}3 \cdot x_1 - 0{,}1 \cdot x_2 - 5{,}2$
Netz 2: $\alpha_{v3} = 0{,}56 \cdot x_1 - 0{,}1 \cdot x_2 - 3$

Die dabei entstehenden Grenzgeraden sind im Bild 5.22 dargestellt. Aus dem Vergleich mit den theoretischen Ergebnissen stellt man fest, daß die beide Netze die Stabilitätsgrenzen angenähert gleich simulieren. Das Netz 1 bildet die Situation 3 ab und kann für die Situation 4 nicht benutzt werden. Im Gegensatz dazu ist das Netz 2 für alle vier Situationen gültig.

**Lösung 20**

Die verdeckten Neuronen teilen die ($K_{PR}$, $T_n$)-Ebene in 4 Bereiche auf, wie in der Tabelle unten gezeigt.

| verdeckte Neuronen | | | | Ausgangsneuron | | Zustand des Regelkreises |
|---|---|---|---|---|---|---|
| Aktivitäten | | Werte | | Aktivität | | |
| $\alpha_{v1}$ | $\alpha_{v2}$ | $v_1$ | $v_2$ | $\alpha$ | y | |
| >0 | >0 | +1 | +1 | 0,5+ 0,5 - θ | +1 | instabil (B) |
| <0 | >0 | -1 | +1 | -0,5+ 0,5 - θ | +1 | instabil (C) |
| >0 | <0 | +1 | -1 | 0,5 - 0,5 - θ | +1 | instabil (A) |
| <0 | <0 | -1 | -1 | -0,5 - 0,5 - θ | -1 | stabil (D) |

Daraus folgen die Bedingungen für den Schwellenwert:

- aus (C) und (A) ergibt sich $-\theta > 0$ oder $\theta < 0$
- aus (B) und (D) folgen $0{,}5 + 0{,}5 - \theta > 0$ und $-0{,}5 - 0{,}5 - \theta < 0$. Damit ergibt sich $-1 < \theta < 0$. Überprüft man diese Bedingung z.B. für $\theta = -0{,}3$; so ergibt sich für die Punkte

$$\text{A:}\quad \alpha = 0{,}5\cdot 1 + 0{,}5\cdot(-1) - (-0{,}3) = 0{,}3 \qquad \Rightarrow y = +1$$
$$\text{B:}\quad \alpha = 0{,}5\cdot 1 + 0{,}5\cdot 1 - (-0{,}3) = 1{,}3 \qquad \Rightarrow y = +1$$
$$\text{C:}\quad \alpha = 0{,}5\cdot(-1) + 0{,}5\cdot 1 - (-0{,}3) = 0{,}3 \qquad \Rightarrow y = +1$$
$$\text{D:}\quad \alpha = 0{,}5\cdot(-1) + 0{,}5\cdot(-1) - (-0{,}3) = -0{,}7 \qquad \Rightarrow y = -1$$

## Lösung 21

Die Wirkungspläne sind im Bild 5.23 und 5.24 skizziert.

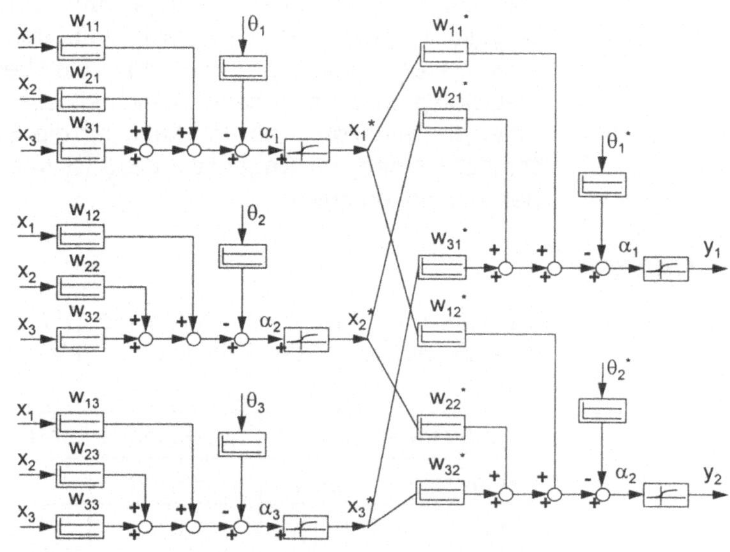


**Bild 5.23:** Signalübertragung eines Mehrschicht Perzeptrons (ohne Fehlerrückführung)

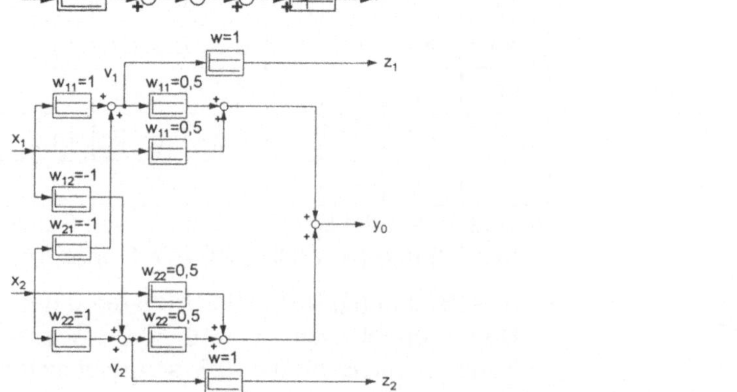


**Bild 5.24:** Wirkungsplan eines Comparator Netzes

# 6. Literaturverzeichnis


[1] Aleksander, I.; Morton, H.: *An Introduction to Neural Computing*, Chapman & Hall, 1991.

[2] Amend, O.; Frik, M.: *Neuronale Steuerung einer sechsbeinigen Gehmaschine*, Automatisierungstechnik, 43 (1995) 2, S.570-574.

[3] Anderson, C.W.: *Learning to Control an Inverted Pendulum using Neural Networks*, IEEE Control Systems Magazine, 4 (1989), S.31-36.

[4] Barschdorff, D.; Becker, D.: *Neuronale Netze als Signal- und Musterklassifikatoren*, Technisches Messen, tm, 57 (1990), 11, S.437-444.

[5] Bavarian, B.: *Introduction to Neural Networks for Intelligent Control*, IEEE Control Systems Magazine, 4 (1988), S.3-7.

[6] Bärmann, F.; Greye, G.R.; Lüdeke, M.: *Prozeßregelung einer Nachreaktion auf der Basis eines künstlichen neuronalen Netzmodells*, Automatisierungstechnische Praxis, 37 (1995) 8, S.36-43.

[7] Beale,R.; Jackson, T.: *Neural Computing: An Introduction*, Institute of Physics Publishing, Bristol and Philadelphia, 1992.

[8] Brause, R.: *Neuronale Netze. Eine Einführung in die Neuroinformatik*, B.G.Teubner Stuttgart, 1991.

[9] Bruns, W.: *Künstliche Intelligenz in der Technik*, Carl Hanser Verlag, 1990.

[10] Carling, A.: *Introducing Neural Networks*, Sigma Press, Wilmslow, UK, 1992.

[11] Chu, S.R.; Shoreshi, R.; Tenorio, M.: *Neural Networks for System Identifikation*, IEEE Control Systems Magazine, 4, S.31-34, 1990.

[12] Dayhoff, J.E.: *Neural Network Architectures. An introduction*, Van Nostrand Reinhold, N.Y., 1990.

[13] Draeger, A.; Engell, S.: *Prädiktive Regelung verfahrenstechnischer Anlagen mit Neuronalen Netzen*, Automatisierungstechnische Praxis, 37 (1995), 4, S.55-61.

[14] Freeman, J.A.; Skapura, D.M.: *Neural Networks, Algorithms, Applications and Programming Techniques*, Addison-Wesley Publishing Co., 1991.

[15] Fritz, H.: *Modellgestützte neuronale Geschwindigkeitsregelung von Kraftfahrzeugen*, Automatisierungstechnik, 44 (1996) 5, S.252-257.

[16] Gehlen, S.; Hormel M.; Kopecz J.: *Einsatz Neuronaler Netze zur Kontrolle komplexer industrieller Prozesse*, Automatisierungstechnik, 43 (1995) 2, S.85-91.

[17] Guez, A.; Eilbert, J.L; Kam, M.: *Neural Network Architecture for Control*, IEEE Control Systems Magazine, 4 (1988), S.22-25.

[18] Haykin, S.: *Neural Networks: a compehensive Foundation*, Macmillan College Publishing Co., 1994.

[19] Hebb, D.: *The organisation of behavior*, Wiley, New York, 1949.

[20] Hertz, J.; Krogh, A.; Palmer, R.G.: *Introduction to the theory of neural computation*, Lecture Notes Vol.1, Addison-Wesley Publishing Co., 1991.

[21] Hoffmann, N.: *Simulation Neuronaler Netze. Grundlagen, Modelle, Programme*, Vieweg Verlag, 1992.

[22] Isermann, R.: *Identifikation dynamischer Systeme*, Springer-Verlag, Berlin, 1988.

[23] Jiang, J.: *An experience based competitive learning neuronal model for data compression*, Artificial Neural Nets and Genetic Algorithmus (Hrsg. Pearson D.W. u.a.), Springer-Verlag, 1995.

[24] Johnson, R.C.; Brown, C.: *Cognizers. Neural Networks and Machines That Think*, John Wiley&Sons Inc., 1988.

[25] Jung, D.: *Reglereinstellung mit Neuronalen Netze*, Diplomarbeit, FB MND, FH Wiesbaden, 1997.

[26] Khanna, T.: *Foundations of Neural Networks*, Addison-Wesley Publishing Co., 1990.

[27] Kinnenbrock, W.: *Neuronale Netze*, R.Oldenbourg Verlag, 1992.

[28] Kong, S.-G.; Kosko, B.: *Comparison of Fuzzy and Neural Truck Backer-Upper Control System*, Proc. IJCNN-90, (1990), 6, S.1-10,.

[29] Kosko, B.: *Bidirectional Associative Memories. Fuzzyness vs. Probability*, Int.Journal of General Systems, 11, (1989), S.1-45.

[30] Kraft, L.G.; Campagna, D.P.: *Comparison between CMAC Neural Network Control and TWO Traditional Adaptive Control Systems*, IEEE Control Systems Magazine, 4 (1990), S.36-43.

[31] Kratzer, K.-P.: *Neuronale Netze*, Carl Hanser Verlag, 1994.

[32] Kurzweil, R.: *Das Zeitalter der künstlichen Intelligenz*, Carl Hanser Verlag, 1993.

[33] Lau, C.(Hrsg): *Neural Networks: Theoretical Foundations and Analysis*, IEEE Press, 1992.

[34] Lawrence, M.: *Neuronale Netze*, Systhema Verlag, 1992.

[35] Lemmon, M.: *Competitively Inhibited Neural Networks for Adaptive Parameter Estimation*, Kluwer Academic Publishers, 1991.

[36] Li Y.F.; Lau, C.C.: *Development of Fuzzy Algorithms for Servo Systems*, IEEE Control Systems Magazine, 4, S.65-71, 1989.

[37] Masters, T.: *Practical Neural Network Recipes in C++*, Academic Press Inc, 1993.

[38] Mazzetti, A.: *Praktische Einführung in neuronale Netze*, Verlag Heinz Heise, 1992.

[39] McClelland, J.L.; Rumelhart, D.E.: *Explorations in Parallel Distributed Processing*, MIT-Press, 1988.

[40] McCord Nelson M.; Illingworth, W.T.; *A practical Guide to Neural Nets*, Addison-Wesley, 1991.

[41] McCulloch, W.S.; Pitts, W.: *A logical calculus of the ideas immanent in nervous activity*, Bulletin of Mathematical Biophysics, 5, pp.115-133, 1943.

[42] Myers, C.E.: *Delay Learning in Artificial Neural Networks*, Chapman&Hall, 1992.

[43] Neumerkel, D.; Lohnert, F.: *Anwendungsstand Künstlicher Neuronaler Netze in der Automatisierungstechnik, Teil 2: Regelungs- und systemtechnische Anwendungen*, Automatisierungstechnische Praxis, 34 (1992) 11, S.640-645.

[44] Nguyen, D.H.; Widrow, B.: *Neural Networks for Self-Learning Control System*, IEEE Control Systems Magazine, 4, S.18-23, 1990

[45] Nischwitz, A.: *Impuls-Synchronisation in neuronalen Netzwerken*, Reihe Physik, Bd.32, Verlag Harri Deutsch, 1994.

[46] Otto, P.: *Identifikation nichtlinearer Systeme mit Künstlichen Neuronalen Netzen*, Automatisierungstechnik, 43 (1995) 2, S.62-68.

[47] Rao, V.B.; Rao, H.V.: *C++ Neural Networks and Fuzzy-Logic*, MIS:Press, 1963.

[48] Reily, D.L.; Scofirld, C.; Elbaum, C.; Cooper, L.N.: *Learning System Architectures Composed of Multiple Modules*, IEEE First Int. Conf. on Neural Networks, S.495-503, 1987.

[49] Rigoll, G.: *Neuronale Netze. Eine Einführung für Ingenieure, Informatiker und Naturwissenschaftler*, expert-Verlag, Kontakt&Studium, Band 446, 1994.

[50] Ritter, H.; Martinetz, T.; Schulten, K.: *Neuronale Netze. Eine Einführung in die Neuroinformatik selbstorganisierender Netzwerke*, Addison-Wesley, 1991.

[51] Rumpf, O.: *Anwendung der Methode der konvexen Zerlegung zur Stabilitätsanalyse dynamischer Systeme mit neuronalen Komponenten*, Automatisierungstechnik, 44 (1996) 3, S.101-107.

[52] Scherer, A.: *Neuronale Netze. Grundlagen und Anwendungen*, Vieweg Verlag, 1997.

[53] Schmitz, P.: *Neuronale Netze. Einführungsband. Backpropagation*, Viviane Wolf Verlag, 1990.

[54] Schöneburg, E.(Hrsg): *Industrielle Anwendung Neuronaler Netze*, Addison-Wesley Publishing Co., 1993.

[55] Seraphin, M.: *Neuronale Netze und Fuzzy-Logik*, Franzis-Verlag, 1994.

[56] Vemuri, V.(Hrsg.): *Artificial Neural Networks. Theoretical Concepts*, IEEE Computer Society Technology Series „Neural Network“, 1988.

[57] Zakharian, S.; Ladewig-Riebler, P.: *Reglereinstellung mit Künstlichen Neuronalen Netzen*, Fachtagung „Moderne Methoden des Regelungs- und Steuerungsentwures“, Otto-von-Guericke-Universität Magdeburg, S.95-100, 1997.

[58] Zakharian, S., Avetisian, A.: *Fault detection by compressed neural networks*, IFAC- Simposium „Safeprocess'91“, Baden-Baden, 1991.

[59] Zurada, J.M.: *Introduction to Artificial Neural Systems*, West Publishing Co, 1992.

[60] Zell, A.: *Simulation Neuronaler Netze*, Addison-Wesley Verlag, 1996.

# Sachwortverzeichnis

vieweg

vieweg